U0237988

工程营地
供电模块设计

北京诚栋国际营地集成房屋股份有限公司　组织编写

秦华东　牟连宝　编　　著

中国水利水电出版社
www.waterpub.com.cn
·北京·

内 容 提 要

本书主要内容包括工程营地概述、工程营地供电系统、工程营地供电模块、工程营地柴油供电模块及工程营地供电模块设计案例等，重点介绍了柴油供电模块的发展史、组成及分类、技术指标、总体构造、造型及采购等。本书图文并茂，通俗易懂，条理清楚，易于理解。

本书可供工程营地设计人员及施工、建设单位的相关技术人员阅读，也可供相关专业工程技术人员参考。

图书在版编目（ＣＩＰ）数据

工程营地供电模块设计 / 秦华东，牟连宝编著 ；北京诚栋国际营地集成房屋股份有限公司组织编写. -- 北京 ：中国水利水电出版社，2019.11
ISBN 978-7-5170-8265-1

Ⅰ．①工… Ⅱ．①秦… ②牟… ③北… Ⅲ．①供电系统 Ⅳ．①TU852

中国版本图书馆CIP数据核字(2019)第286346号

书　　名	**工程营地供电模块设计** GONGCHENG YINGDI GONGDIAN MOKUAI SHEJI	
作　　者	北京诚栋国际营地集成房屋股份有限公司　组织编写 秦华东　牟连宝　编著	
出版发行	中国水利水电出版社 （北京市海淀区玉渊潭南路1号D座　100038） 网址：www. waterpub. com. cn E - mail：sales@waterpub. com. cn 电话：(010) 68367658（营销中心）	
经　　售	北京科水图书销售中心（零售） 电话：(010) 88383994、63202643、68545874 全国各地新华书店和相关出版物销售网点	
排　　版	中国水利水电出版社微机排版中心	
印　　刷	天津嘉恒印务有限公司	
规　　格	184mm×260mm　16开本　6.75印张　164千字	
版　　次	2019年11月第1版　2019年11月第1次印刷	
印　　数	0001—1500 册	
定　　价	**108.00 元**	

前言

　　营地的概念可追溯到远古时代，是人们进行户外活动不可缺少的一部分。营地运用最为广泛的当属工程项目建设领域，需要设置工程营地为工程建设者提供基本的生活保障以及办公管理场所。一个规划合理、设施齐备、功能齐全的工程营地是保障建设项目顺利进行的基础，是建设优质项目的前提，是建设工程不可或缺的组成部分。

　　电力资源经过长时间的发展已经成为人们日常生产、生活不可缺少的重要资源。营地作为生产、生活的聚集地，自然需要稳定可靠的电力供应。建设项目的电力供应一般依靠市政供电基本可以满足需求，但有些地区市政供电不稳定，就需要寻找其他可靠的电力供应。光伏发电、风力发电以及柴油发电机组发电是目前比较主流的自供电模式，对于市政供电不稳定的地区，可以通过采用这三种模式中的一种或多种来补偿市政电力供应的不足。当然这三种自供电电源也可以作为主供电电源使用，同样可以提供稳定可靠的电力供应。

　　光伏发电是将太阳能直接转变为电能的一种发电方式，转换的过程不会产生有害物质，同时太阳能取之不尽、用之不竭，可以说光伏发电是比较理想的清洁能源。但受限于场地要求面积大、功率密度不高、初期投入大、成本回收慢等因素，在我国的应用还不够广泛；风力发电是通过风力发电机将风能转变为电能的一种发电方式，也是清洁环保的绿色能源，但受限于风能不稳定、风能的能量密度低等因素，只能在特定地区建设风电场，受地域影响太明显；柴油发电机组不受地域影响，功率密度高，随用随发、方便快捷，还可跟随营地移动，因此柴油发电机组作为营地供电电源是比较理想的，但柴油发电机组噪声较大、废气排放多、容易出故障、柴油油价直接影响用电成本等方面也是其主要的缺点。综上，不管采用哪种自主发电方式，都需要根据项目性质，所在地区的自然环境、社会经济环境以及当地的实际供电情况来决定。

　　本书共5章，第1章介绍工程营地概述；第2章介绍工程营地供电系统；第3章介绍工程营地供电模块，包括光伏供电模块和风能供电模块；第4章介绍工程营地柴油供电模块；第5章介绍工程营地供电模块设计案例。

　　本书在内容阐述上力求简明扼要、图文并茂，使读者了解工程营地及自助发电模块的相关内容，并具有一定的设计选型能力，可作为相关专业的指导用书。

　　由于作者水平有限，书中难免有疏漏之处，敬请广大读者和同行专家提出宝贵意见，以便本书能日趋完善，编者感激不尽。

作者
2019 年 10 月

目录

第 1 章

工程营地概述

工程营地是项目工程建设者在项目现场临时的家，同时也是项目管理者统筹规划项目的办公地点，既能满足人们的日常生活需求，又能满足办公、仓储、娱乐、能源供给等等方面的需求。工程营地是工程项目有力的基础保障，是工程项目顺利进行不可或缺的重要组成部分。

1.1　工程营地的概念

营地这个词汇本指军队扎营的地方或野营的场地。营地历史悠久，最早可追溯到远古时代，是人们在野外从事各种活动不可缺少的一部分，营地的出现也反映了人类的进步与社会的发展。

到了现代社会，出现了各式各样的营地。如汽车营地，是指在贴近自然、风景秀丽的地方有一块专属区域，此地有配套的水和电，为自驾爱好者提供自助或半自助的服务。人们在营地内可以远离城市的喧嚣，尽情地亲近大自然，身心都得到放松，如图1-1所示。此外还有很多其他功能的营地，例如供野营爱好者使用的野营营地，汽车电影营地等。这些营地不论大小，功能是否齐全，服务对象上有多大的差别，但其核心都是在一定的区域内形成具有一定规模的人类聚集场所，该场所可以为人们提供相应的配套设施及服务。

营地应用的领域较为宽泛。在众多领域中，应用最为广泛的当属工程领域，应用在工程建设中的营地称为工程营地。工程营地从广义上讲是指专门为工程建设、资源开发等各类工程项目服务的具有特定功能的建筑物、构筑物以及相关设施和服务的综合体；狭义上的工程营地主要是指为各类工程项目服务的建筑群落。图1-2所示为实际的工程营地，营地内包含停车场、宿舍、办公室及生产加工等功能区。该营地基本可以满足项目的需求。建筑产品为组装房，特点是建设速度快，预制化程度高，能够快速地搭建营地，且质量可靠、结构安全性高。对于一些海外工程营地，项目建设所在地所在国有可能极缺建筑

1

图 1-1 汽车营地

材料,那么采用装配式房屋可以从国内预先将房屋的全部配件生产加工完成,产品打包运输到项目所在地,只需要通过简单的组装就能快速搭建工程营地。

图 1-2 工程营地鸟瞰图

工程营地首先要服务于工程项目,需要具备包括居住、办公、生产及后勤服务等一项或多项功能。以大家常见的建筑工程施工现场项目部为例,此类建筑群落就是一种典型的工程营地,主要解决施工现场的临时办公、住宿等需求,随着工程项目的进度需要而进行相应的建设和拆除,进而以典型的"营地"形式完成其服役期。

从规模上来说,工程营地可以是同时容纳上千人办公、生活的大型综合营地,营地具备办公室、宿舍、娱乐室、餐厅等功能设施;也可以是仅可容纳十几人办公的项目部,只负责项目现场的临时办公,不具备住宿的功能。

所以不论营地规模大小,功能上综合还是单一,都可以称为工程营地。它都是项目建设者临时办公、住宿的场所,是指导项目建设发号施令的地方,也是休息娱乐的地方。一个规划合理、设施齐备、功能齐全的工程营地是保障建设项目顺利进行的基础，是建设优质项目的前提，是建设工程不可或缺的组成部分。

1.2 工程营地的分类

1.2.1 从规模及功能方面

从规模及功能两方面考虑，营地可以划分为综合型工程营地和单一（专一）型工程营地两类。综合型工程营地一般规模不会太小，功能齐全，设施完备，可以为工程项目建设者提供各方面的服务。其功能区包括办公区、住宿区、娱乐区、餐饮区等，可以满足日常的办公及生活需求，类似国内的居民社区。单一（专一）型工程营地（图1-3）在功能上相对单一，仅提供办公或住宿的需求，一般规模上要小于综合型工程营地，功能的单一性决定了营地规模不会太大，建筑物的使用功能比较单一。工程营地类型的选择是根据项目特点、项目建设地周围环境及项目建设周期综合考虑的。例如，一个短期的建设项目，管理人员及施工人员均在附近有住所，周围的社会资源比较丰富，基础设施较好，那么单一型工程营地即可满足项目的需求，就没必要耗费资金和精力建造大型综合的营地，如此还可以降低项目成本、缩短建设周期；如果项目建设周期较长，管理及施工人员在附近均无住所，项目的规模又很大，这就需要建设一个综合型工程营地以满足住宿、办公等方面的需求。在工程营地建设中综合型工程营地的占比还是比较大的，尤其是在水、电、道、桥等工程领域以及资源开发等海外项目中，这主要由工程项目的特点所决定的，此类项目一般建设地点位于基础设施比较落后、市政配套不完善的地区，通常建设周期也比较长，需要为项目现场施工人员提供更加全面、持续和专业的服务，因此在这种情况下更加适合建设综合型工程营地。

图1-3 宿舍区工程营地

1.2.2　从使用年限方面

从使用年限方面考虑，营地还可以划分为临时性、半永久性及永久性工程营地三类。一般服役期较短（5 年以内）的工程营地称为临时性营地。临时性营地在前期设计过程中应充分考虑服役期满后的拆除问题，应尽量选用方便拆装的建筑类型。选材方面应结合使用年限短的特点，在保证使用要求的前提下兼顾经济性。对于预期使用年限较长（20 年以上）的工程营地应按照永久性营地考虑，此类营地的设计重点应放在营房及各种设施的安全性、耐久性方面，优先选用高品质的建筑产品及相应品质的配套产品。使用年限介于临时性营地和永久性营地之间的工程营地统称为半永久性营地，设计要点可参考以上内容进行，在保证品质和使用要求的前提下兼顾经济性。

1.2.3　从项目建设地域方面

从项目建设地域上还可以划分为国内工程营地及海外工程营地，以及野外工程营地（图 1-4）及城市工程营地。国内工程营地较为普遍，建设地在国内，营地外部环境较为熟悉；海外工程营地的建设地点在国外，一般语言上沟通不畅，营地外部环境不熟悉，施工人员仅在营地内活动。野外工程营地建设地在野外，交通一般不便，无外部配套设施可以利用，图 1-4 所示为箱式房在野外寒冷地区放置，给人们提供办公及住宿的场所；城市工程营地建设地在城市内，市政资源丰富，交通便利，可利用资源较多。

图 1-4　野外工程营地

综上，不管是从功能及规模上划分还是从使用年限及建设地点等方面划分工程营地都是不全面的,在工程营地设计伊始就需要综合考虑各方面,从使用人数上确定营地规模,从建设地点上确定配套设施及功能区的划分,从使用年限上考虑建筑产品及品牌的选择。工程营地的设计及建设是一项专业的工作,需要有专业的知识作为基础再配合丰富的营地设计、建设经验。营地方案设计初期就需要反复的方案论证,方案确定后还需要细致严谨的施工建设,如此才能建设出优秀的工程营地。

1.3 工程营地的组成

由于综合型工程营地功能分区比较齐全,本节就以综合型工程营地为例,介绍工程营地的组成及功能区域。图1-5所示为一个综合型工程营地的模型沙盘,沙盘是根据实际项目按照1:65比例缩放而来。此营地是典型的工程营地,尽管占地面积不大,但是做到了"麻雀虽小,五脏俱全",在功能的分区布置、营地各个系统的设计、整体营地的规划方面都有值得研究的地方。

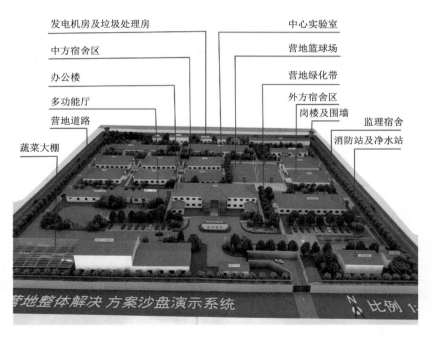

图1-5 营地模型沙盘图

图1-6是图1-5所示营地的平面布置图,能清晰地体现营地内各建筑位置关系及占地大小。图1-6中建筑物的编号可查询表1-1中相应建筑物的名称、占地面积、栋数、房屋产品类型等参数。通过图1-5、图1-6和表1-1可以对营地有一个初步的认识。一个完整营地的运行需要多个系统协同配合,大的方面可分为营地环境保护系统、营地环境设施系统、交通及道路设施系统、安防系统、消防系统、弱电系统、电力系统、给排水采暖系统以及建筑系统等九大系统。

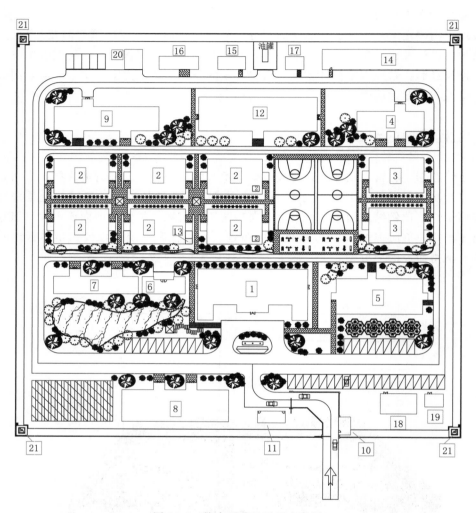

图 1-6 综合型营地平面布置图

表 1-1　　　　　　　综合型营地建筑物名称及占地面积表　　　　　　　单位：m²

序号	单体建筑	建筑形式	栋数	单体面积	总面积
1	办公楼	箱式房	1	1327	1327
2	中方员工宿舍	箱式房	6	303	1818
3	哈方员工宿舍	箱式房	2	303	606
4	哈方食堂及礼拜室	ZA	1	226.1	226.1
5	监理办公及生活用房	箱式房	1	489	479
6	招待所（小）	轻钢	1	125.7	125.7
7	招待所（大）	轻钢	1	246.1	246.1
8	多功能厅（大型仓库）	H 型钢	1	539.2	539.2
9	中方食堂	ZA	1	417.7	417.7

序号	单体建筑	建筑形式	栋数	单体面积	总面积
10	外部安保门卫房	ZA	1	33.1	33.1
11	内部安保门卫房	ZA	1	48.9	48.9
12	中心试验室	ZA	1	638.3	638.3
13	运动健身中心（地下室）	混凝土	1	135.7	135.7
14	暖库	ZA	1	289	289
15	配电房及应急发电机房	ZA	1	54.6	54.6
16	污水处理房	ZA	1	78.4	78.4
17	钢炉房	ZA	1	36.7	36.7
18	消防设备房	ZA	1	112.7	112.7
19	净水设备房	ZA	1	36.7	36.7
20	垃圾站	ZA	1	54.9	54.9
21	瞭望塔	轻钢	4	6	24
共　计					7327.8

1. 营地环境保护系统

营地环境保护系统是由工程营地中生产、生活废弃物的处置设施，生活废水处理设施组成的系统。营地正常的生产及生活办公难免会产生一些垃圾、废水等，这些废物直接排放到周围河流或自然环境中势必对自然环境造成破坏，不符合可持续发展的要求。经过营地环境保护系统的过滤与处理排放的废气、废水、废物达到相关的排放要求，才能使营地周围长期保持美好环境。

2. 营地环境设施系统

营地内的绿化景观、企业 IC 形象、运动场、健身器材等都属于营地的环境设施系统，它可以使营地内的相关人员有一个更好的生活环境，使人们的身心健康，从而全身心地投入到工作之中。

3. 交通及道路设施系统

交通及道路设施系统是工程营地中的车行道、人行路、停车场、道路设施组成的系统。俗话说得好"要想富，先修路"，营地道路交通的好坏直接影响整个营地运转的速度与流畅度。

4. 安防系统

由图 1-6 不难发现，营地最外围首先有围墙将营地包围起来，如此才能保证营地的完整性及封闭性。在一些有战乱的国家，围墙及其他安保设施集合在一起可以很好地保证营地内人员的安全。营地的安防系统是保障营地人员安全、营地正常稳定运行的前提，安防系统包括围墙、瞭望塔、高压铁丝围栏、防越界警报器以及监控摄像头等设施。安防系统时刻保卫着营地的安全，是营地强有力的安全防线。

5. 消防系统

由火灾报警、消防栓、自动喷淋、水喷雾灭火设施、消防水炮、消防工具、安全疏散、应急照明等组成的系统称为消防系统。消防系统可以使营地免受火灾的侵害，消防管线敷设在营地的地下，由消防泵房通往各个建筑物，当探测器检测到烟雾信号后发出信号通知消防主机，检测到信号的消防主机随即发出指令，在相应的火灾发生部位启动喷淋设备，从而扑灭火灾。

6. 弱电系统

弱电系统由电话通信、信息网络、有线电视等组成，是营地与外界沟通的渠道，实现了营地内部的信息交换与分享沟通，是现代化营地必不可少的组成部分。如今网络已经成为人们生活中不可缺少的一部分，人们可以通过网络获取新闻信息、娱乐资讯，与家人沟通以及布置办理工作的相关事宜。特别对于身处海外的工程营地，由于电话网络的限制，往往人们只能通过网络与远在国内的亲人联络，所以说网络的畅通是至关重要的，应时刻保持营地弱电系统的正常稳定运行。

7. 电力系统

电力系统是指营地内供配电设施、照明设施、防雷接地设施组成的系统。不管是弱电系统、消防系统或者是给排水系统都无法离开电力系统的支持。在别的系统占有重要地位的同时本身的照明系统也是不可缺少的。试想一个没有电力供应的营地，即便有再多先进的电器设备也是无法运转的，有再多的宏伟规划都是无法实现的。缺少了电力供应的营地就相当于回到了原始社会，因为缺少照明，只能日出而作日入而息；因为缺少电动机械只能人们拿着工具一点点的重复工作。既然电力系统如此的重要，那么电力系统能不能安全稳定的供应也是至关重要的。对于市政供电不稳定的地区，就需要通过别的手段保障电力的稳定供应，即自供电设施。

8. 给排水采暖系统

工程营地是生产生活的聚集地，自然就有人的参与。那么就需要提供干净稳定的饮用水供应，生活产生的废水就需要处理达标后排放出去。废水的处理属于营地环境保护系统，而营地内的水供应及废水的收集属于营地的给排水系统。给排水系统包括工程营地中的卫生洁具、给水设施、排水设施、热水设施、采暖设施等，是营地保持正常生活的前提条件。

9. 建筑系统

建筑系统是指工程营地中的建筑物，以及建筑物的室内外装修、家具、家电、厨具等，为工程营地的使用者提供生活及办公的场所，是工程营地建筑群落的总称。根据建筑物的用途不同可分为宿舍区、办公区、娱乐区、餐饮区以及生产区等。

如果把工程营地比作一个有血有肉的人，那么建筑系统就是骨架和血肉，构成工程营地的主体；电力系统就是血管，给各个建筑物提供能量；弱电系统就是眼睛、耳朵和嘴巴，是营地与外界沟通的渠道，同时也是神经系统，保持各关节部位的协调协作；安防系统就是皮肤，保护我们免受外界病菌的侵扰。各个系统的协作才能使营地高效有序地运行，各个系统并不是独立分开的，而是互相联系不可分离的，是你中有我、我中有你的关系。

1.4　工程营地的现状及发展趋势

1. 工程营地建设中存在的问题

随着我国建筑行业的发展，建筑项目遍地开花，工程营地也日趋成熟。伴随着国内工程营地的发展以及我国国力的增强，国内企业也在海外逐渐承接工程项目，海外工程营地市场也逐步形成规模。海外工程营地一般由施工单位自己完成。随着我国施工企业海外市场的拓展，对于海外工程营地的建设要求逐渐提高，如何更加专业地、高效地建造工程营地成为每个企业面对的问题。虽然有专业的企业提供营地建设解决方案，但也存在着一些问题，总结如下：

（1）营地功能系统不齐全。在营地设计初期考虑得不够周全，实际施工或使用时发现各种不方便，临时增加或拆改不仅影响工期进度而且影响用户体验。例如在初期设计若不考虑弱电或电视系统，在营地建成后再另行设计安装，不仅在施工上不好实现，也会造成二次施工带来的建设成本增加。

（2）营地各功能区规划不合理。营地按照功能间可分为宿舍、办公、食堂、生产、仓库、设备间等，那么这些功能间就有动静之分，在设计初期就应充分考虑动静分离，相同或相似功能区规划设计在一起。同时还要注意利用哪些功能区作为隔离带将噪声、气味分离开，如此设计出的营地才能是规划合理的工程营地。例如，办公区应规划在整个营区一进门的位置，而宿舍区应该设置在办公区的后面，如此访客可以直接到达办公区洽谈业务。若将两个区域对调，那么客户需要穿过生活气息比较重的宿舍区再到办公区，势必造成客户心理的不舒适，也不利于员工个人隐私的保护。再如生产区不能紧挨着宿舍区，中间可以设置篮球场或绿化带隔绝噪声等。营地的整体规划是门专业的学科，需要设计者认真研究，合理规划。

（3）建筑内部设计不合理。各个功能间应充分考虑使用者的需求，在布置功能间家具位置时应考虑摆放合理，空间规划合理，在设置室内插座、开关时应充分考虑使用者的使用习惯，避免出现开关难找插座难用的情况。公共卫生间要考虑空间上的合理，不能因为需要多布置坑位而出现过道过窄，门不能全部打开的情况。

2. 工程营地的建设流程

营地建设流程如图1-7所示，流程包括前期策划、初期设计、方案确认、物资采购加工、运输到现场、建设实施以及营地运行等7个阶段。

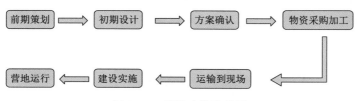

图1-7 营地建设流程图

首先确定建设模式，目前有总承包模式EPC（设计-采购-施工）、总承包模式EP（设计-采购）以及劳务派遣模式三种。随后就是前期策划阶段，要了解建设地的气象、气候、地质、地理等因素。初期设计阶段要明确营地使用者的人数以便确定营地规模、营地分区以及附属设施的布置等，形成初步方案图后进行内部论证，论证完成后改进营地方案。将改进后的方案提交业主审核并确定最终方案，提取工程量下发生产加工部门，生产完成后整合资源打包发往项目所在地。现场建设人员达到现场后组装建设项目，建设完成后交付业主验收，验收完成后营地开始运营使用。

3. 工程营地的发展趋势

正因为工程营地在设计及建设中容易出现诸多问题，工程营地的建设者必须具备一定的专业知识。但一般情况下业主对于工程营地的建设并不熟悉，所以采用 EPC 总承包模式是以后工程营地建设发展的总趋势。这种总承包模式从设计施工到物资采购以及后期的运营维护实行全覆盖，对于业主而言就是"交钥匙"工程，无需将精力投入到建设项目前期的营地建设上。而且专业从事工程营地建设的公司常年设计建设工程营地，对于工程营地的设计有着丰富的经验，物资的采购也可以实现标准化。不仅能够保障规划设计的速度，还能保障物资产品的质量。

随着我国工业化程度的提高和生产技术的进步，大型建设项目会大批涌现，那么就需要配套的工程营地作为支持。同时在"一带一路"的指引下会有越来越多的中国企业走出国门、走向世界，在海外工程市场承担更多的项目建设任务，那么海外工程营地也会是一个不小的市场。工程营地的发展必然是朝着标准化、合理化、人性化、产业化方面发展，工程营地作为综合解决方案也会日趋成熟，形成一条完善的产业链带动各个行业的发展。

第 **2** 章

工程营地供电系统

工程营地就像一个结构复杂、规模庞大的机器，各个系统间的通力合作才能促使机器正常运转。营地供电系统是保证这个庞然大物顺利运行的能源供给线。本章着重介绍工程营地的电力供应，以及有工程营地特点的特殊的供电方式。

2.1　概述

营地的供配电类似于社区供配电，整个营地就是一个超级社区。营地内的办公楼、宿舍楼、综合楼、食堂、休闲娱乐等建筑物错落地分布在社区的各处，通过电缆及供配电设备将电能供给到各个用电建筑物，实现电能的分配与使用。

营地电源总接入口处接驳的电源称为营地总电源，总电源可以是由第三方提供的电源，如市政电网或其他不由营地组织发电，营地仅用电的第三方电源；也可以是营地自行发电，自己给自己提供的电源。

一般情况下，营地总的供配电模式如下：营地总电源通过营地内的变压器变压，电压变为常用电压后经由电力柜将电能分配，再通过室外管线系统将电力输送到各个建筑模块内的小型配电箱。模块内的小型配电箱进行电能的再次分配，通过室内回路将电能输送到用电端或用电设备上。用户可以通过终端配电设施（如插座、断路器、工业插座等）使用电能，同时通过用电设备将电能转换为光能（如电灯）、机械能（如电风扇）、热能（如电热毯）等其他方式的能量。如此便完成了电能从接入营地到用户使用的全过程，如图 2-1 所示。

工程营地供电系统包含供电电源、变压器、配电柜、室外管线、室内小型配电箱、室内管线回路、用电端设备或电器设备等，防雷接地也在供电系统内，合计 8 个大的组成部分。这套系统保障了工程营地电力的正常供应，使生产生活均能正常有序的进行。

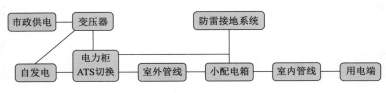

图 2-1　工程营地供配电系统示意图

2.2　营地总电源配置模式

工程营地的供电模式不是千篇一律的，要根据营地的地理位置、周围外部环境、营地本身特点等方面来决定供电方式。营地供电模式的不同本质在于供电电源的不同，在电力输送、电力分配和电力使用等方面各营地基本相同。那么就从供电电源不同这方面入手，介绍两种常见的营地总电源配置模式。

1. 单一型

单一型是指营地的供电只有一类电源，这类电源可以是市政电网电源，也可以是自发电电源。不管这类电源有几路来源，都认为这是同一类电源，如图 2-2 所示。例如：某工程营地仅通过市政电网供电，营地内没有备用发电机组或风、光供电，即使市政电网有两路独立电源供电，这类工程营地的供电模式也是单一型供电。

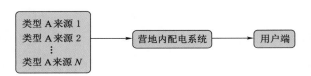

图 2-2　单一型营地供电模式

单一型的特点是供电电源的类型单一，优点是前期投入少，建设速度快，系统较为简单，操作难度不大，系统较为稳定，不易出故障，技术相对比较成熟。缺点是由于不具备其他类型的电源，一旦单一电源发生长时间的停电事故，营地就会陷入瘫痪的状态。

单一型适用于外部环境相对稳定的工程营地，这里的稳定是指外部环境不会轻易地改变，而不是说外部环境的好坏或者市政电网的好坏。由于外部环境稳定，单一型电源也很稳定可靠，轻易不会出现长时间停电的情况，即使是停电也是计划性停电，不会对生产生活造成很大影响。在国内建设的工程项目营地，一般市政供电较为稳定，把市政电源作为营地的供电电源显然是比较合理的，一般也不用设置备用发电机组作为备用电源，也比较经济合理。而在行军中临时搭建的生活营地一般都是在野外，稳定的市政电网供电显然是不好实现的，这就需要自发电供电，这也是单一型供电营地。

2. 复合型

复合型供电电源是指营地的供电电源不只一类，它可以是多类电源交叉互补的供电，如图 2-3 所示。这里说的多类电源是指电源类型的不同而不是同一类电源有多路供电。

市政供电和柴油供电模块属于不同类型，柴油发电模块和光伏发电也属于不同类型。如果市政供电有两路独立供电，这种情况是一个类型的电源。市政电网和柴油发电机组配合，或者柴油发电机组和光伏发电组合，或者是风光互补都是复合型供电电源，他们都是不同类型的供电电源。

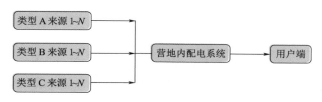

图 2-3 复合型营地供电模式

复合型的特点是供电电源的类型比较丰富，即使其中一类电源发生供电故障，其他电源也能承担供电任务，保障营地的正常运行。供电的连续可靠是复合型供电模式的最主要特点，但前期投入较大，系统比较复杂、庞大，系统间的关联比较多，就要求营地的信息化程度高，技术相对不是很成熟，容易出现系统间配合失误，造成停电事故。即使如此，复合型供电的可靠性远远高于单一型供电，是值得推广的供电模式。

复合型适用于外部环境容易变化，且对于供电的可靠性要求较高的工程营地。由于供电电源类型的多元化，当外部环境变化时，也可以提供稳定的电力供应。例如，某些海外工程市政供电不稳定，但并不是没有市政供电，相对自发电而言，市政供电又相对廉价，这种情况下，就以市政供电为主，自发电为辅，在兼顾经济性的同时还能保障供电的连续性。

所以说，采用何种方式供电取决于外部电源的情况，首选还是市政电网供电，相对其他形式的供电来说市政电网供电投入少，供电稳定。其次就是柴油发电机组供电，成本虽然较高但是供电的稳定性较高，仅次于市政电网供电，在一些油价比较廉价的国家，供电成本也可以接受。光伏发电和风力发电前期投入大，功率密度低，短期内性价比较低，不适合临时或短期的营地供电。但这两种模式绿色环保，长期使用成本降低明显，适用于环保要求高或长期使用的营地。

2.3　工程营地室外供电

1. 室外供电系统

营地室外供电系统的起止点是从系统功能的层面进行划分，并不是地理位置上的划分，此点需要注意。营地室外供电系统起点是营地总电源的下口，营地变压器的上口。若自发电电源不需经过变压器，那么就是自发电的下口。营地室外供电系统的终点是各个建筑物内小型配电箱的上口。此处的起止点是针对营地室外供电这一部分而言，仅是这一部分的起止点。营地室外供电系统的起止点如图 2-4 所示。

2. 相关规定

室外供电系统由室外电缆和室外配电柜两部分组成。室外电缆一般采用暗敷直埋或套

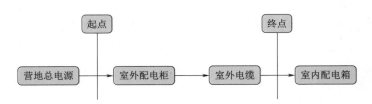

图 2-4 营地室外供电示意图

管直埋的方式，套管与否取决于电缆是否需要经受来自地面的压力。一把情况下，电缆距地 0.7m 直埋无需套管，在经过铺装路面或其他受力区域时需要采取套钢管的措施。电缆排管在人行道下敷设时，距地不小于 0.5m，其他区域不小于 0.7m。电缆一般采用 YJV 型电缆（交流聚乙烯绝缘电缆），考虑到受力及施工成本，选用 YJV22 型电缆直埋，电缆路径尽量合并规划开挖，减少开挖作业量。

3. 配电方式

供电可采用树干式和放射式综合的配置方式，总电源与室外各配电柜之间采用放射式，增加供电可靠性。室外配电柜与小建筑物之间采用树干式，降低供电成本。当然如果营地内各建筑物的用电负荷均较大，总电源至各建筑物间均可采用放射式供电。

工程营地室外供电的特点是，线路规划相对比较简单，用电负载有电感型负载和电阻型负载，由于各建筑功能单一，用电负载容易判断，可提前配置。

2.4 工程营地室内配电

1. 室内配电系统

营地室内供电的起点是各建筑物室内配电箱，终点是插座、灯具或其他用电设备。总的来说，一个建筑物内所有强电均属于室内配电的范畴。工程营地的建筑物一般采用集成建筑的形式，室内配电相对比较简单，负载大多是灯具、空调及插座，不会有大功率用电设备。

营地室内配电系统由室内配电箱、室内导线、插座、开关、灯具等组成，安装用的辅料有 PVC 线槽、PVC 穿线管、暗装胶盒、管接、盒接、自钻丝等，材料虽然比较复杂，但施工工艺比较简单。室内配电箱采用 PVC 型明装配电箱，导线上进下出，其内部有钢轨，断路器安装在钢轨上。导线一般为 BV 型导线，分红、蓝、黄绿三色，分别代表火线、零线、地线。导线一端接室内配电箱内的断路器，另一端接插座、开关，中段敷设在 PVC 线槽内。图 2-5 所示为集成建筑室内配电的实际安装图。

2. 相关规定

一般情况下，PVC 穿线管采用 ϕ20 规格阻燃线管，PVC 线槽根据实际需求另行确定其规格，配电箱位数根据室内回路对应的断路器位数确定大小规格，空调插座选用三极扁脚插座，普通插座选用五孔插座，灯具一般选用荧光灯具。室内各回路选用导线线径及回路负载的规定如下：

（1）照明回路导线截面积为 1.5mm^2，最多 20 个灯一个回路，单回路配 10A 高分断

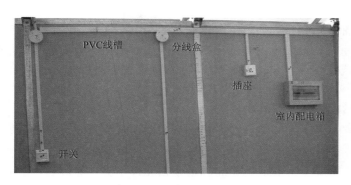

图 2-5　室内配电安装图

断路器。

（2）普通插座回路导线截面积为 2.5mm^2，最多 10 个插座一个回路，单回路配 16A 漏电保护断路器。

（3）空调插座回路导线截面积为 4.0mm^2，最多 2 个插座一个回路，单回路配 20A 高分断断路器（此处空调为壁挂式空调，单机功率最大 1.5kW）。

（4）柜式空调回路导线截面积为 4.0mm^2，最多 1 个插座一个回路，单回路配 20A 高分断断路器。

2.5　工程营地供配电设施

营地内所有用于强电供配电的设备设施均为营地供配电设施，包括变压器，室内及室外配电箱、柜，室内用电端，电线电缆等。

1．变压器

变压器是利用电磁感应原理改变交流电压的装置，主要构件是初级线圈、次级线圈和铁芯（磁芯）。主要功能有电压变换、电流变换、阻抗变换、隔离、稳压（磁饱和变压器）等。按用途可以分为电力变压器和特殊变压器（电炉变、整流变、工频试验变压器、调压器、矿用变、音频变压器、中频变压器、高频变压器、冲击变压器、仪用变压器、电子变压器、电抗器、互感器等）。

由于营地的用电量较大，一般均需要单独设置变压器，变压器一端接市政高压电，另一端接营地的总配电柜，如此实现电能的供应和分配，变压器实物图如图 2-6 所示。变压器作为营地总电源的提供者，在整套系统中有着重要的地位。

营地设置有独立的变压器室（变电室），其建造应符合相关的技术规范及标准的要求，变电室应设置在营地的边缘地带，远离生活区，避免意外伤人事故的发生以及噪声对于人们正常生活的影响。变电室周围严禁设置柴油发电机的油库及其他易燃易爆危险品仓储室。变电室内可设置营地总配电柜，室外电缆可从本功能间引出到其他各用电建筑物。变电室是整个营地

图 2-6　三相干式变压器

变电、配电的枢纽中心。

变电室与柴油发电机房间通过电力电缆及控制电缆连接，两者应严格分开布置，防止信号干扰。变电室与柴油发电室可临近布置但须确保互相不影响彼此的正常工作，柴油发电室的油罐应远离柴油发电室与变电室，储油罐周围应严格防火并符合相关的技术规范要求。

2. 室内及室外配电箱、柜

配电箱、柜的作用是将电能分配，当部分回路出现故障时及时切断故障部分，保证大系统的正常运行。配电箱可分为箱体、接线铜排、断路器以及面盖等四个组成部分。

箱体主要起保护作用，保护配电柜内的电器元件不受外界影响，也保护人们不接触到带电的配件部分，同时又有固定断路器的作用。面盖上的标签纸可区分回路，透明观察窗可方便地观察断路器的开闭状态，并对断路器进行合闸、拉闸的操作，与箱体组成一个完整的箱、柜体。

接线铜排的作用是将各回路的零线及接地线汇集分接，方便多股导线的并接。

配电箱、柜中最核心的电气元件就是断路器，断路器是实现回路切断与接通的控制部件，同时又是对回路的短路、过载起保护作用的保护部件，也是将电能再次分配的分流部件。配电箱、柜的电气功能全部依靠断路器来实现。

室外放置的配电柜应设置独立基础，基础应高出地面，防止雨水倒灌。室外配电箱、柜需要一定的防水功能。配电柜应为双层门带锁配电柜，锁具应处于锁闭状态，钥匙由专人保管，防止因柜门开启导致意外触电事故发生。箱体外观可采用与绿色植被相同的颜色，从而更好地隐蔽保障整体的园林景观风格。

室内配电箱有明装及暗装两种常见的安装方式，由于体积不大，一般采用壁挂式安装。配电箱应有回路标识，以便以后维修。插座回路一般采用带有漏电保护的断路器，其他回路均应按回路配置独立的断路器，采用高分断断路器即可。室内配电箱一般体积不大，不需要防水，PVC 材质的室内配电箱成本较低，应用比较广泛，配电箱、柜实物图如图 2-7 所示。

　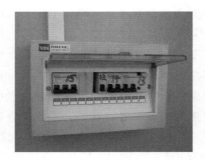

（a）室外配电箱　　　　　　　　（b）室内配电箱

图 2-7　配电箱、柜实物图

3. 室内用电端

室内用电端就是日常的开关、插座等设备，这些设备可以使我们方便地获取电能，但应注意不得将大功率用电设备插接在普通插座上，避免造成插座过载发生危险，图 2-8 所示为实物图。图 2-8 的电气设备是日常生活中最为常见的，但在使用中也是最容易被忽略或者错误使用的。空调专用的 16A 插头不能插入 10A 的五孔插座中，此点须注意。不能用带水的手直接操作开关的开闭，严禁带电更换灯具的光源等。

（a）一位开关　　（b）五孔插座（10A）　　（c）三孔插座（16A）　　（d）室内灯具

图 2-8　常用用电端

4. 电线电缆

电线电缆是输送电能的通道，是连接上、下级配电设备的纽带，同时也最容易出现问题。由于电线电缆并非一整根，必然存在接头，接头处理不得当就会造成导线发热、电阻增加，甚至出现短路、烧毁线路等情况。导线连接处的机械强度不低于原导线强度的 90%，电阻不大于整根导线电阻的 1.2 倍。

敷设在导管内的电缆可采用 YJV 型电缆，单根单相导线不可单独敷设在金属线管内，统一回路的电力电缆可与无隔离要求的控制电缆同管敷设。线管管径不小于电缆外径的 1.5 倍，线管最大填充率为 40%。直埋电缆宜采用 YJV22 型铠装电缆，敷设深度须满足相应的规范要求，图 2-9 为实际施工图示及铠装电缆示意图。

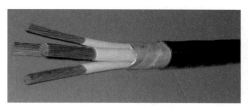

（a）铠装电缆　　　　　　　　　（b）电缆直埋现场

图 2-9　电缆及施工现场

2.6　地域对工程营地供电的影响

地域因素是一个泛指，它对于工程营地供电电源的选择有着很大的影响。地域因素既包括经纬度、海拔、所在国家和地区的地理位置，也包括所在地的自然环境、风土人情、外部经济环境以及相关技术标准等。

1. 营地所在国家对于供电电源选择的影响

工程营地建设地所在的国家直接影响着供电电源的选择。国内一般选用市政电网供电作为主电源，柴油发电机组作为备用电源这种电源配置方案。国内电网供电比较稳定，即使出现偶尔的停电只要启动柴油发电机组就能及时恢复电力供应。电网供电的成本远远低于柴油供电机组，且我国电网建设较为完善，覆盖面较广，一般情况就能接入电网取电。国外绝大多数也有市政电网供电，只需注意供电电压和频率和国内的差异，通过相关设备进行调整即可满足使用要求。但一些亚非拉地区发展比较滞后，电网供电很不稳定，再加上电网覆盖不全面，项目建设的地区一般还在比较偏僻的地区，导致接入市政电网很困难，接入供电的稳定性也得不到保障，这时采用柴油发电机组发电为主，市政电网取电为辅的供电方式更合适。

2. 经纬度、海拔对于供电电源选择的影响

在一些市政电网建设不完善，柴油发电的成本过高的地区建设永久性营地，就要考虑利用自然资源进行发电。由于风力发电对于风的功率密度（风的功率密度将在 2.3 节中详细讲解）要求较高，在一些低纬度低海拔地区，风力发电并不是合理的解决方案，光伏发电是比较推荐的方式。光伏发电的特点是只要有光照就能进行光电转换，无需人工或机械运作。尽管光伏发电前期投入较大，但具有后期用电几乎零成本，维护费用低，系统零部件容易运输等优势，这也是选择光伏发电的原因。而且采用光伏发电供电的项目，建设地点一般在较为荒凉偏僻的地区，土地充足，总体来说是比较理想的解决方案。

但在一些高纬度地区，由于纬度的影响，每天的光照时间较短，且光的强度很低，再使用光伏发电显然是不合理的。可以考虑采用风力发电，如果项目建设地的风能功率密度不够可以考虑在项目建设地点附近寻找合适的风场建设风电场，风电场不仅可以解决营地的供电问题，还可辐射周围地区，为当地居民提供电力供应，并以此盈利，可谓是一举多得。

第 3 章

工程营地供电模块

3.1 供电模块的概念

将复杂的系统分拆，然后分别装在不同的模块内，这样就形成了具有一定功能的功能型模块，将不同功能但互相间能够配合使用的模块相互连接起来，形成一个复杂的系统，这就是模块化。模块化是将复杂的系统简单化，模块化后产品就可以实现批量化生产与安装，产品品质提升，组合安装效率提高，现场施工成本降低。

将模块的概念应用到总电源上，就形成了总电源模块，总电源模块可以是由市政电网供电，经由变压器变压，再由配电柜分配电能，这样模式的电源；也可以是由自发电电源供电，配电柜分配电能的模式，不管是哪种模式，此模块都是整个营地电力供应的源头。

总电源模块输入端是市政电网或自发电电源，输出端是营地的用电个体，作为营地的总电源，必须做到供电安全可靠，电能质量高。作为设计人员应考虑营地的类型、用电设备的性质特点，以及用电峰值的分布情况，综合选择适合的供电方式。

3.2 供电模块的特点及分类

供电模块就是将零散的发电组件集成在一个或几个集装箱内，箱体间通过简单的连接实现发电系统的组装。供电模块化最核心的意义在于将复杂的电气系统集成在箱体内，省去了现场系统组装与系统调试工作，由于系统的复杂性，通常系统组装和调试需要专业人员到达项目现场进行相关工作，也会产生额外的费用支出。模块化后所有的调试组装工作全部留在前期，大大减少了后期项目上的工作时间。供电模块可随到随发，随发随用，方便快捷。

工程营地用的供电模块主要有光伏供电模块、风能供电模块以及柴油供电模块。这三种模块各有利弊，光伏与风能因其采用自然能转换为电能，在发电成本上基本为零，又因其绿色环保、清洁无污染是很理想的新能源发电模块；但也有其比较突出的缺点，前期投入比较多，功率密度不高，受天气的影响比较大，占地面积大，周围环境要求高，供电稳定性稍差等都是目前比较难以解决的问题。而柴油供电模块供电比较稳定，可实现无间断供电，占地面积很小，不受自然环境的影响，供电效率高。由于需要消耗柴油，发电成本较高，且排出的废气也会污染环境。

三种供电模块可单独使用，也可共同使用。这三种模块并不对立，可以相辅相成地为营地供电服务。

3.3 工程营地光伏供电模块

光伏供电模块是利用光发电的发电模块，发电原理及发电设备与传统的光伏发电相同，不同点在于是将复杂的系统打包在一个或几个集装箱内，到达现场后展开各模块并通过预留的电气接口快速连接各模块，实现发电供电。

3.3.1 光伏发电的原理

光伏发电的能量转换器是光伏电池。光伏电池发电的原理主要是半导体的光电效应。能产生光电效应的材料有单晶硅、多晶硅、非晶硅、砷化镓、硒铟铜等。它们的发电原理基本相同，现以硅为例说明。

带正电荷的硅原子旁边围绕着 4 个带负电荷的电子。可以通过向硅晶体中掺入其他的杂质，如硼、磷等来改变其特性。当掺入硼时，因为硼原子周围只有 3 个电子，所以硅晶体中就会存在着 1 个空穴，这个空穴因为没有电子而变得很不稳定，容易吸收电子而中和，形成 N 型半导体。当掺入磷原子时，因为磷原子有 5 个电子，所以就会有一个电子变得非常活跃，形成 P 型半导体。N 型半导体中含有较多的空穴，而 P 型半导体中含有较多的电子，当 P 型和 N 型半导体结合在一起时，就会在接触面形成电势差，这就是 PN 结。当光线照射光伏电池表面时，PN 结中的 N 型半导体的空穴往 P 型区移动，而 P 型区中的电子往 N 型区移动，从而在 PN 结两侧集聚形成电位差。当外部接通电路时，在该电压的作用下，将会有电流流过外部电路产生一定的输出功率。这个过程就是光子能量转换成电能的过程。

3.3.2 光伏发电系统的组成

营地型光伏供电模块一般为独立型光伏发电系统，一般不与当地的电网相连接，自发自用，需要用蓄电池来存储电能。独立光伏发电系统在具备风力发电和小水电的地区还可以组成混合发电系统，如风力发电与光伏互补系统。

独立型光伏发电系统包括光伏组件、控制器、逆变器、蓄电池、用电负载等，如图 3-1 所示。

1. 光伏组件

光伏组件是组成光伏发电系统最基本的单位。单体光伏电池产生的电能很小，工作电压为 $0.45\sim0.54V$，工作电流密度为 $20\sim25mA/cm^2$，在大多数情况下很难满足实际应用

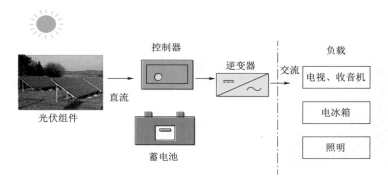

图 3-1　独立型光伏发电系统

的需要。一般都将电池组经串联或并联组成电池组件，以提高其输出电压及电流，满足供电需求。

光伏电池的基本结构按基底材料的不同可分为 2DR 和 2CR 两种。2DR 电池是以 P 型硅为基底，在基底上扩散磷而形成 N 型并作为受光面。2CR 电池是以 N 型硅为基底，在基底上扩散硼而形成 P 型并作为受光面。构成 PN 结以后，再经过各种工艺加工，分别在基底和光敏面上制作、输出电极，二氧化硅作为保护膜，如此便形成了光伏电池。

光伏电池可分为单晶硅电池、多晶硅电池以及非晶硅电池三类，目前纳米氧化钛敏化电池、多晶硅薄膜电池处于研究中。应用比较广泛的还是硅材料电池。

（1）单晶硅电池。单晶硅电池是最早发展起来的，主要用单晶硅片来制作。单晶硅电池与其他种类的电池相比，转换率最高。单晶硅作为从电子工业半导体器件加工中退出的产品，以往在市场上可以较为便宜的价格大量得到，因此单晶硅电池能够以相对较低的成本生产。最新趋势是单晶硅电池将向超薄、高效发展，不久的将来，会有 $100\mu m$ 左右甚至更薄的单晶硅问世。

单晶硅电池的结构多为 N/P 型，多以 P 型单晶硅片作为基片，其电阻率范围一般为 $1\sim3\Omega\cdot cm$，厚度一般为 $200\sim300\mu m$。由于单晶硅材料大多来自半导体工业退出的废次品，因此一些厂家利用的硅片厚度可达 $0.5\sim0.7mm$。这些硅片的质量完全满足光伏电池的要求，用来制作光伏电池效率可达 15% 以上，单晶硅电池片如图 3-2 所示。

（2）多晶硅电池。在制作多晶硅电池时，作为原料的高纯硅不是拉成单晶而是溶化后浇铸成正方体，然后通过线切割机切割成薄片，如此形成的电池片就是多晶硅电池片。单晶硅和多晶硅从表面上就很容易辨认，多晶硅表面由大量不同大小的结晶区域组成（图 3-3）。结晶区域里的光电

图 3-2　单晶硅电池片

转换机制和单晶硅完全不同。多晶硅和单晶硅比较转换效率较低，同时电学及力学性能也不如单晶硅，但多晶硅的生产工艺简单，可大规模生产，所以多晶硅电池的产量和市场占有率较大。

图 3-3　多晶硅片

（3）非晶硅电池。1976 年非晶硅电池研制成功，不过由于技术限制，当时的转换效率仅 1%～2%，直到 1980 年非晶硅电池才实现商品化。在太阳光谱的可见范围内，非晶硅的吸收系数比晶体硅大了近一个数量级。非晶硅电池光谱相应的峰值与太阳光谱的峰值很接近，由于非晶硅材料的本征吸收系数很大，$1\mu m$ 厚度就能充分吸收太阳光，厚度不足晶体硅的 1/100，质地柔软，可明显节省价格昂贵的半导体材料。且由于其柔软的特性在一些特殊场合更加能够体现其优越性，通过图 3-4 可以看出其物理特性。

2. 控制器

控制器是核心部件之一（图 3-5），主要作用是实现整套系统的充放电管理，可以防止蓄电池过充电和过放电。光伏电池组发出的直流电经过控制器对蓄电池充电，充电过程中控制充电的满度，最大限度地保障电池达到饱和状态。当蓄电池放电时，蓄电池接近过放电电压时，控制器将发出蓄电池电量警告并切断蓄电池放电回路，以保护蓄电池。按照控制器对蓄电池充电调节原理的不同，常用的控制器可分为并联型、串联型、脉宽调制型、智能型和最大功率跟踪型等。

图 3-4　薄膜太阳能电池片

图 3-5　光伏控制器

光伏控制器根据其额定负载电流的大小分为小功率控制器、中功率控制器和大功率控制器。小功率控制器一般采用 MOSFET 场效应管等电子元件，采用 PWM 脉冲控制，具有多种保护功能和温度补偿功能，用 LED 显示工作状态及充放电情况。中功率控制器具有快速充电功能，可用 LCD 显示多种信息。大功率控制器采用微电脑芯片控制系统以及 RS232/485 接口，便于远程通信控制，具有电量累计和历史数据统计显示功能，采用回差电压法控制。

光伏控制器的主要功能如下：

（1）高压 HVD 断开和恢复功能。控制器应具有输入高压断开和恢复连接的功能。

（2）欠压 LVG 告警和恢复功能。当蓄电池电压降到欠压告警点时，控制器应能自动发出声光告警信号。

（3）低压 LVD 断开和恢复功能。这种功能可防止蓄电池过放电。通过一种继电器或电子开关连接负载可在某给定低压点自动切断负载。当电压升到安全运行范围时，负载将自动重新接入或要求手动重新接入。有时，采用低压报警代替自动切断。

（4）防止任何负载短路的电路保护以及防止充电控制器内部短路的电路保护。

（5）温度补偿功能。当蓄电池温度低于 25℃ 时，蓄电池应采用较高的充电电压以便完成充电过程。

3．逆变器

逆变器是将直流电转换为交流电的设备，基本要求是能输出电压稳定、频率稳定的交流电，无论输入电压发生波动还是负载发生变换，都能达到一定的电压精度；具有一定的过载能力，一般能过载 125%～150%；输出电压波形所含的谐波成分应尽量少；具有短路、过载、过热、过电压、欠电压等保护功能和报警功能，且具有快速动态响应的能力。

4．蓄电池

光伏发电系统只能在日间有阳光时发电，而多数情况人们主要在夜间大量用电，所以需要存储光伏电池发出的电能并随时向负载供电。一般采用免维护铅酸蓄电池作为储能装置。其基本要求是自放电率低，使用寿命长，深放电能力强，充电效率高，少维护或免维护，工作温度范围宽，价格低廉。

蓄电池的基本结构如下：

（1）极板。极板是蓄电池的核心部分，蓄电池充、放电的化学反应主要依靠极板上的活性物质与电解液进行。极板分正极（阳极）板和负极（阴极）板，正极板是指发生氧化反应的电极，它是以结晶细密、疏松多孔的氧化铅作为储存电能的活性物质，正常为红褐色。铅酸蓄电池的每个单元也分正极和负极，正极是放电时的负极，充电时的正极；负极是指发生还原反应的电极，负极是放电时的正极，充电时的负极。

（2）隔板。隔板插放在正、负极板之间，防止正、负极板互相接触造成短路。隔板耐酸，具有多孔性，以利于电解液的渗透。常用的隔板材料有木质、微孔橡胶和微孔塑料等。

（3）电解液。在蓄电池的化学反应中，电解液起到离子间导电的作用，并参与蓄电池的化学反应。电解液由纯硫酸与蒸馏水按一定比例配制而成。电解液的纯度对蓄电池的电气性能和使用寿命有重要影响。电解液的作用是：参加电化反应；正、负离子的传导体；作为极板产生温度的热扩散体。

（4）壳体。壳体用于盛放电解液和极板组，应耐酸、耐热、耐震。壳体多采用硬橡胶或聚丙烯塑料制成，为整体式结构，底部有凸起的肋条以搁置极板组。

铅酸电池分类如下：

1）普通蓄电池。普通蓄电池的极板由铅和铅的氧化物构成，电解液是硫酸的水溶液，它的主要优点是电压稳定、价格便宜；缺点是比能低，使用寿命短和日常维护频繁。

2）干荷蓄电池。主要特点是负极板有较高的储电能力，在完全干燥状态下，能在两年内保存所得到的电能，使用时只需加入电解液，过半小时即可使用。

3）免维护蓄电池。免维护蓄电池由于自身结构上的优势，电解液的消耗非常小，在使用寿命内基本不需要补充蒸馏水。它还具有耐震、耐高温、体积小、自放电小的特点。使用寿命一般为普通蓄电池的两倍。

3.3.3 光伏阵列倾斜角度的选择

为了使光伏电池最大限度地生产电能,在转换率一定的情况下,只能通过改变光伏电池板的角度始终保持太阳光垂直照射,以此充分地利用太阳能。那么就需要引入方位角、倾斜角等概念,同时在建设选址及发电量计算时高大建筑物及树木的阴影对发电量的影响也应考虑在内,如图3-6所示为光伏阵列的安装角度。

图3-6 光伏阵列的安装角度示意图

1. 方位角

方位角是从某点的指北方向线起依顺时针方向至目标方向线间的水平夹角,用"度"和"密位"表示,常用于判定方位、指示目标和保持行进方向。从真子午线起算的为真方位角,通常在精密测量中使用;从磁子午线起算的为磁方位角,在航空、航海、炮兵射击、军队行进时广泛使用;从地形图的坐标纵线起算的为坐标方位角,炮兵使用较多。磁方位角与真方位角的关系式为:磁方位角=真方位角-(±磁偏角)。坐标方位角与磁方位角的关系式为:坐标方位角=磁方位角+(±磁坐偏角)。

光伏阵列的方位角是阵列的垂直面与正南方向的夹角(向东偏设定为负角度,向西偏设定为正角度)。一般情况下,阵列朝向正南(阵列的垂直面与正南方向的夹角为0°)时,光伏电池发电量最大。在偏离正南(北半球)30°时,阵列的发电量将减少10%~15%;在偏离正南(北半球)60°时,阵列的发电量将减少20%~30%;但是,在晴朗的夏天,太阳辐射量的最大时刻是在中午稍后,因此阵列的方位稍微向西偏一些时,在午后时刻可获得最大发电功率。

不同的季节,光伏阵列的方位稍微向东或西,就可以获得最大发电量,这就需要相应的计算。阵列设置场所受到许多条件的制约,例如土地的方位角、屋顶的方位角,或者是为了躲避太阳阴影时的方位角,以及布置规划、发电效率、设计规划、建设目的等。

2. 倾斜角

地面应用的独立型光伏发电系统,阵列表面总是向着赤道方向相对地面倾斜安装的。

倾角不同时各个月份阵列面上接收的太阳辐射量差别很大。因此，确定阵列的最佳倾斜角是光伏发电系统设计中不可缺少的重要环节。

利用太阳能一般总希望接收到的太阳辐射量最多，所以多取阵列的倾斜角等于当地的纬度，但在夏天阵列发电量往往过盈而造成浪费，冬天则因发电量不足而形成蓄电池欠充。目前较普遍的观点认为：所取阵列倾斜角应使全年辐射量最弱的月份能得到最大的太阳辐射量，因此推荐阵列倾斜角在当地纬度的基础上再增加 $15°\sim20°$。国外有的设计手册提出设计月份以最小的 12 月（北半球）或 6 月（南半球）作为依据。但这样会使夏季削弱过多而导致阵列全年得到的太阳辐射量偏小。

3. 阴影的影响

计算发电量时，一般不考虑阴影的影响，若光伏电池板只能受到散射太阳光的照射，与直射相比发电量则减少 $15\%\sim20\%$。所以当光伏阵列周围有高大树木或建筑物时应尽量避开阴影，阵列摆放时前后两列间也要控制好距离，避免电池板之间的遮挡，影响发电效率。

3.3.4 光伏供电模块

光伏供电模块是将上述的系统集成在集装箱内，从而可以形成不需任何供给纯绿色的供电单元。视需要供给的用电量大小可分为单箱集成式和多箱集成式两种模式。

1. 单箱集成式

单箱集成式就是将控制器、逆变器、蓄电池安装在一个集装箱内，集装箱的顶板及四面的侧板均可作为光伏电池板的安装面，蓄电池安装在箱体外部节省内部空间，控制器、逆变器集成在吊顶内，通过导线的连接将整个系统组成一个整体。在箱体内顶部安装灯具，提供夜间的照明，箱体内还可提供插座供小功率电器设备使用，如图 3-7 所示。

图 3-7 单箱式光伏箱

集装箱内可作为居住、办公、值守的场所。由于集装箱顶板及侧板的面积有限，光伏电池的安装数量也有限，所以能够提供的电能也不会很多，对于夜间照明及小功率的电器使用可以满足要求，但大功率电器如电热器、空调等设备难以在这样的集成箱内使用。

2. 多箱集成式

多箱集成式是将光伏发电系统的各部分分别集成在几个集装箱内，其中，逆变器、控制器、蓄电池及配电箱可集成在一个集装箱内，光伏电池由于最占空间可能需要一个到两个集装箱。集装箱到达项目现场后将光伏电池的集装掏箱，光伏电池按照矩阵的形式平铺在场地上，并且需要电池板与太阳形成一定的角度，光伏电池板铺设完成后将各电池板连接到一起，并与控制器所在的集装箱相连，如此完成整套系统的组装，组装完成后的效果如图 3-8 所示。

图 3-8 光伏发电箱展开示意图

多箱式光伏发电系统的特点是发电功率大，能够为较大的营地提供电力供应，当然设备成本也较高。由于光伏电池板数量较多，且需要在平面上铺展开以便得到最大程度的光照，所以多箱式光伏发电模块对土地有一定的要求，土地应平整，附近无高大建筑及树木的遮挡，对于一些项目地土地资源较为紧张的地方，本系统不适用。

3.4 工程营地风能供电模块

风能供电模块是利用现有的风能发电技术，再引入模块的概念将两者结合而成的产物。风能供电模块受区域的影响较大，所以选择此模块前须深入调查目标区域的气候条件是否满足发电的要求，再决定是否采用此供电模式。

3.4.1 风力发电的原理

风能作为一种重要的可再生能源，取之不尽、用之不竭。作为一种自然现象，风是由太阳辐射热引起的。太阳照射到地球表面，地球表面各处受热不同而产生温差，引起大气的对流运动形成风。据估计，到达地球的太阳能中虽然只有大约 2% 转化为风能，但其总量仍十分可观。全球的风能约为 2.74×10^9 MW，其中可利用的风能为 2×10^7 MW，比地球上可开发的水能总量大 10 倍，相当于 1000~10000 座 100 万瓦量级的原子能发电站。我国的风能资源比较丰富，风能丰富地区的风能密度为 200~300 W/m²，有效风力出现时间概率为 70% 左右，风速大于 3.5 m/s 的全年累计小时数为 5000~7000 h。

把风的动能转变成机械功能，再把机械动能转化为电力动能，这就是风力发电。风力发电的原理，是利用风力带动风轮叶片旋转，再通过增速机将旋转的速度提升，来促使发电机发电。依据目前的风轮技术，大约是 3 m/s 的微风速度（微风的程度），便可以开始发电。风力发电正在世界上形成一股热潮，因为风力发电不需要使用燃料，也不会产生辐射或空气污染。

3.4.2 风力发电系统

1. 风力发电系统的分类

风力发电系统可分为独立式、并网式及混合式三种。

（1）独立式风力发电系统。独立式风力发电系统是指将风能所发电能直接供给负载使用，多余的能量通过蓄电池储存起来，待发电能量不足时调用蓄电池的电能。这种独立运行系统可以是几千瓦乃至几十千瓦的解决一个村落的供电系统，也可以是几十到几百瓦的小型风力发电机组，以解决一家一户的供电。

（2）并网式风力发电系统。并网式风力发电系统是将风力发电机产生的电力送入交流变频系统，然后转换成交流电网频率的交流电，进入电网，实现并网发电。并网的前提是风电场的规模足够大，输入电网的电能足够多，从而产生客观的经济价值。而且并网的电能需要提前滤波、调整频率等，不能对电网产生谐波污染。

（3）混合式风力发电系统。混合式风力发电系统就是独立式风力发电系统和并网式风力发电系统相混合，由总控制系统控制各发电系统的协调运行。

2. 风力发电系统的组成

风力发电机组一般由风轮、发电机、调速和调向机构、停车机构、塔架及拉索等，控制器、蓄电池、逆变器等，如图 3-9 所示。

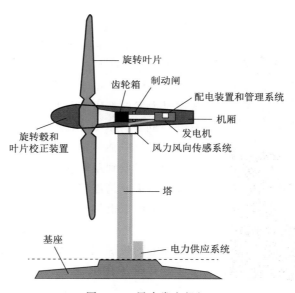

图 3-9 风力发电机组

1）风轮：小型风力机的风轮大多用 2~3 个叶片组成，它是把风能转化为机械能的部件。目前风轮叶片的材质主要有两种。一种是玻璃钢材料，一般用玻璃丝布和调配好的环氧树脂在模型内手工糊制，在内腔填加一些填充材料，手工糊制适用于不同形状和变截面的叶片但手工制作费工费时，产品质量不易控制。国外小风机也采用机械化生产等截面叶片，大大提高了叶片生产的效率和产品质量。

2）发电机：小型风力发电机一般采用的是永磁式交流发电机，由风轮驱动发电机产生的交流电经过整流后变成可以储存在蓄电池中的直流电。

3）调向机构、调速机构和停车机构：为了从风中获取能量，风轮旋转面应垂直于风向，在小型风机中，这一功能靠风力机的尾翼作为调向机构来实现。同时随着风速的增加，要对风轮的转速有所限制，这是因为一方面过快的转速会对风轮和风力机的其他部件造成损坏，另一方面也需要把发电机的功率输出限定在一定范围内。由于小型风力机的结构比较简单，目前一般采用叶轮侧偏式调速方式，这种调速机构在风速风向变化转大时容易造成风轮和尾翼的摆动，从而引起风力机的振动。因此，在风速较大时，特别是蓄电池已经充满的情况，应人工控制风力机停机。在有的小型风力机中设计有手动刹车机构，另外在实践可采用侧偏停机方式，即在尾翼上固定一软绳，当需要停机时，拉动尾翼，使风轮侧向于风向，从而达到停车的目的。

4）小型风力机的塔架：一般由塔管和 3～4 根拉索组成高度 6～9m，也可根据当地实际情况灵活选取。

5）蓄电池：是发电系统中的一个非常重要的部件，多采用汽车用铅酸电瓶，近年来国内有些厂家也开发出了适用于风能太阳能应用的专用铅酸蓄电池。也有选用镉镍碱性蓄电池的，但价格较贵。

3.4.3 风能发电模块

风能发电模块与一般意义上的风力发电系统类似，区别在于将控制系统、蓄电池、项目所用的箱柜集成到一起。系统的集成情况由风力发电机的体积决定。体积较小的风力发电机可随其他系统一同集成到箱体内。由于体积较小，发电功率也较小，单独依靠风力发电难以满足用电的需求，往往需要搭配光伏发电一同使用；体积较大的机组难以集成到集装箱内，机组需要单独运输和安装，其余控制部分及其他电气系统均可集成到集装箱内。项目现场将机组安装完成后，机组和集成箱连接即可实现发电，相对传统的风电场在建设速度上也提升了很多。独立型野外生活舱如图3-10所示，生活舱的供电由自带的风力发电机和顶部的太阳能电池板供应，两者相结合的供电模式，可以满足生活舱日常的用电需求。生活舱无需另外接入电源，非常适合野外工作及自驾露营使用。

图 3-10　独立型野外生活舱

第 4 章

工程营地柴油供电模块

4.1 柴油供电模块发展史

柴油供电模块最核心的两个部分是发电机和柴油机。这两部分的发展历程在人类文明的发展史上也是里程碑事件，两者的发展相辅相成，倘若一方滞后，也不能形成现在的成品机组。

4.1.1 发电机发展史

公元 1831 年，法拉第将一个封闭电路中的导线通过电磁场，导线转动并有电流流过电线，法拉第因此了解到电和磁场之间有某种紧密的关联，随后他建造了第一座发电机原型，其中包括在磁场中回转的铜盘。这个发电机产生的电力虽然微小，但却足以称道。在这个发明之前，所有的电力都是由静电机器和电池所产生的，但这两者不可能产生出巨大的能量，供人们生产生活使用。法拉第的发电机改变了这一切，也可以说改变了世界。

就在法拉第发现电磁感应原理的第二年，受法拉第发现的启示，法国人皮克希应用电磁感应原理制成了最初的发电机，如图 4 - 1 所示。皮克希的发电机是在靠近可以旋转的 U 形磁铁（通过手轮和齿轮使其旋转）处，用两根铁芯绕上导线线圈，使其分别对准磁铁的 N 极

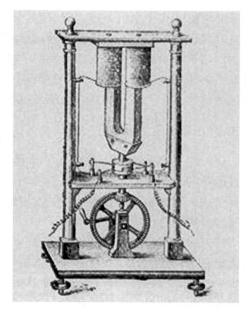

图 4 - 1 皮克希发明的永久磁铁型旋转式
交流发电机

和 S 极，并将线圈导线引出。这样，摇动手轮使磁铁旋转时，由于磁力线发生了变化，在线圈导线中就产生了电流。每当磁铁旋转半圈时，线圈所对应的磁铁的磁极就改变一次，从而使电流的方向也跟着改变一次。

当时电力的供应和使用均是以直流的方式，但皮克希的发电机并不能提供直流电。为了改变这种情况，使电流方向保持不变，皮克希想出了一个巧妙的办法：在磁铁的旋转轴上加装两片相互隔开，成圆筒状的金属片，由线圈引出的两条线头经弹簧片分别与两个金属片相接触。再用两根导线与两个金属片接触，以引出电流。这个装置称为整流子，在后来的发电中也得到了应用。

皮克希式发电机虽在世界上是首创，但也有其不足之处。需要改进的地方，一是转动磁铁不如转动线圈更为方便灵活，二是通过整流子可以得到定向的电流，但是电流强弱还是不断变化的。后来人们虽然进行了改造但还是不能研制出能输出像电池那样大电流而且可供实用的发电机。

1867 年，德国发明家韦纳·冯·西门子对发电机提出了重大改进。他认为，在发电机上不用磁铁（即永久磁铁），而用电磁铁，这样可使磁力增强，从而产生强大的电流。西门子着手研究电磁式发电机。他很快就制成了这种新型发电机，它所产生的电流是皮克希式发电机无法相比的。而且，这种发电机比连接一大堆电池来通电也方便得多，因此得到广泛应用。

西门子的新型发电机问世后不久，意大利物理学家帕其努悌于 1865 年发明了环状发电机电枢。这种电枢是以在铁环上绕制线圈来代替在铁芯棒上绕制的线圈，从而提高了发电机的效率。到了 1869 年，比利时学者古拉姆在法国巴黎研究电学时，看到了帕其努悌发表的文章，认为这一发明有其优越性。于是，他根据帕其努悌的设计方案，兼采纳了西门子的电磁铁式发电机原理进行研制，于 1870 年制成了性能优良的发电机。古拉姆式发电机以其优良的性能和对后世的深远影响，被尊称为"发电机之父"。

西门子公司的研究员阿特涅发明了性能更好的发电机组，并发现直流电在远距离输电时发热的问题，随后在 1873 年阿特涅发明了现在普遍使用的交流发电机。此后对交流发电机的研究工作便盛行起来，交流发电机得到了迅速发展。

4.1.2 柴油机发展史

1892 年，德国工程师鲁道夫·狄赛尔设想，将吸入气缸的空气高度压缩，使其温度超过燃料的自燃温度，再用高压空气将燃料吹入气缸，就可使之燃烧。实际上早在 1891 年鲁道夫·狄赛尔就已经就这项技术申请了专利。为了实现他的想法，他找到奥格斯堡机器制造厂作为合伙者，这便是今天 MAN 公司的前身。

1897 年，鲁道夫·狄赛尔在德国发明了世界上第一台柴油发动机，这是一项具有伟大历史意义的发明。今天所讲的柴油发动机的英文"Diesel"就是以他的名字命名的。这台于 1897 年实验的发动机就是后来狄赛尔发动机的原型，它的功率为 14W，远远超过当时的蒸汽机和已经发明的奥拓发动机。现在，这台机器被收藏在慕尼黑德意志科技博物馆里（图 4-2）。鲁道夫·狄赛尔这项发明极大地改变了世界，后来人们尊称他为"柴油机之父"。

鲁道夫·狄赛尔试图使内燃机实现卡诺循环，以获得最高的热效率，但实际上做到的是近似的等压燃烧，其热效率达 26%。压缩点火式内燃机的问世，引起了世界机械业的极大兴趣，它也以发明者的名字命名为狄赛尔引擎。这种内燃机以后大多都用柴油为燃料，所以（柴油机）之名由此而得。

1898 年，柴油机首先用于固定式发电机组，经过后世科学家的不断改进与修正，柴油发电机组的效率大大提高，在日常生活中的应用也越来越广泛。

图 4-2　世界上第一台柴油发动机

4.2　柴油供电模块的组成及分类

柴油供电模块是一种能源转换设备，它将化学能转换为热能，再将热能转换为机械能，最后将机械能转换为电能，燃料是其原料，电能是其产品。本节主要介绍柴油供电模块的组成和分类。

4.2.1　柴油供电模块的组成

柴油供电模块由外壳箱体与内部的电气设备组成，外壳箱体起到遮风挡雨、降噪防尘的作用，给内部机械设备提供一个相对稳定的工作环境。内部设备是整套发电模块的核心，基本外形如图 4-3 所示，设备可分为以下部分。

图 4-3　柴油发电机组

1. 柴油发动机

柴油发动机是整套设备的动力来源，是影响机组性能的核心影响因素，其成本在整套机组成本中占较大比重，所以直接影响整套机组的价格。国内外技术水平差别大，且国内外价格差别也比较大。

2. 发电机

发电机的发展历史悠久，技术成熟，国内外技术水平差别不大，是将机械能转换为电能的机构，直接决定提供的电能质量。

3. 控制器

控制器控制机组的启动和停止，调整机组功率，监控机组的运行情况。控制器还是以国外的产品为主。

4. 散热器

散热器是将柴油机冷却水的热量传递给空气，从而起到冷却的作用。散热器芯部分为管带式和管片式两种。

5. 底座

底座又称为公共底座、基座、底盘等，机组安装在底座上，底座和机组间装有减震垫，以减少机组振动。底座一般具有储存柴油的作用，是机组自带的油箱，但由于体积限制储油量不会太大，连续长时间运行时需要单独设置油罐。

6. 其他

其他还包括空气滤清器、排气管及排气消声器、连接轴、取电箱等。

4.2.2　柴油供电模块的分类

柴油供电模块形式多种多样，分类方式也有很多种。

1. 按设备功率分类

按照设备功率分类可划分为大、中、小型，500kW 以下的为小型供电模块，500～1000kW 的为中型供电模块，1000kW 以上的为大型供电模块。

2. 按转速分类

按照转速高低分类可分为高速柴油供电模块、中速柴油供电模块和低速柴油供电模块。

（1）高速柴油发电机组的转速大于 1000r/min。

（2）中速柴油发电机组的转速小于 500r/min。

（3）低速柴油发电机组的转速小于 500r/min。

3. 按电压频率分类

按照发电机输出的电压频率可分为直流发电机组和交流发电机组两类，其中交流发电机组最为常用，也最为普遍，其频率有中频 400Hz 和工频 50Hz。在工频 50Hz 下，中小型发电机组的标定电压一般为 400V，大型发电机组的标定电压一般为 6.3～10.5kV。

4. 按励磁方式分类

按照励磁方式的不同可划分为旋转交流励磁和静止励磁两大类。

（1）旋转交流励磁机励磁系统包括交流励磁机静止整流器系统和无刷励磁系统两类。

（2）静止励磁机励磁系统包括电压源静止励磁机励磁系统、交流侧串联复合电压源静止励磁机励磁系统和谐波辅助绕组励磁系统。

5. 按操作方式分类

按照控制操作方式可分为手动操控和自动操控两类，手动操控可分为现场操作和隔室操作，自动操控又可分为基本型、自启型和智能化远程操控型，合计五类操作方式。

（1）现场操作是指操作人员在机房内对机组进行启动、合闸、分闸、调速、调压、停机等操作。全程需要由专职人员留守，人员还要经过相应的培训，具有一定的专业知识，这样的方式既浪费人工，发电机组产生的废气、噪声、振动又会影响操作人员的身心健康。

（2）隔室操作是指将机组和控制装置分类设置在两间不同的房间内，操作人员可以在控制室对机组进行启动、调速、停机等操作，并对机组的运行参数进行监控。如此操作人员的工作环境得到了很大的改善。

（3）基本型柴油机组是目前应用最为广泛的机型，它由柴油机、封闭式水箱、油箱、消声器、同步交流发电机、励磁电压调节装置、控制箱、联轴器和底盘等组成。基本型柴油发电机组具有电压和转速自动调节功能，一般可作为主用电源或备用电源。

（4）自启型机组是在基本型的基础上增加了自动控制系统。它具有自动启动的功能。当市电突然停电时，机组有自动启动、自动切换、自动运行、自动送点和自动停机等功能；当机油压力过低、机油温度或冷却水温度过高时，能自动发出声光告警信号；当机组超速时，能自动紧急停机，保护发电机组。

（5）智能化远程操控型是由柴油机、三相无刷同步发电机、燃油自动补给装置、机油自动补给装置、冷却水自动补给装置及自动控制柜组成。自动控制柜内有可编程 PLC 控制器，可在出厂前将控制程序存储在 PLC 控制器内，这样控制器就可以控制机组的自启动、自切换、自运行、自投入和自停机等功能，控制器还可通过 RS232 通信接口与主计算机连接，集中控制，能够控制、遥信和遥测，实现无人值班。

6. 按用途分类

按照使用用途可分为常用型、备用型和应急型三类。

（1）常用型发电机组。这类发电机组常年运行，一般设在远离电力网（或称市电）的地区或工矿企业附近，以满足这些地方的施工、生产和生活用电。目前在经济发展比较快的地区，需要建设周期短的常用型柴油发电机组来满足用户的需求。这类发电机组一般容量较大。

（2）备用型发电机组。备用型发电机组是在通常情况下用户所需电力由市电供给，当市电限位电拉闸或其他原因中断供电时，为保证用户的基本生产和生活而设置的发电机组。这类发电机组常设在市电供应紧张的工矿企业、医院、宾馆、银行、机场和电台等重要用电单位。

（3）应急型发电机组。对市电突然中断将造成重大损失或人身事故的用电设备，常设置应急发电机组对这些设备紧急供电，如高层建筑的消防系统、疏散照明、电梯、自动化生产线的控制系统及重要的通信系统等。这类发电机组需要安装自启动柴油发电机组，自动化程度要求较高。

7. 按外观分类

按照外观柴油供电模块可分为移动式和固定式两大类，移动式又可分为车载式和牵引式；固定式可分为开架式和箱式。移动式柴油供电模块的机动性较好，能快速到达需要电力供应的地区，但为了方便移动一般体积不大，功率较小。固定式供电模块一般功率比较大，能够提供长期稳定的电力供应。不管哪种形式本质上都是发动机带动供电机通过电磁感应的原理产生电能，工作的原理是相同的。外形上的不同主要是为了适应各种工况，最大限度地满足使用者的需求，及时、快速、稳定的为用户提供电力供应。

（1）车载式柴油供电模块。车载式柴油供电模块（以下简称"车载式"）是对车辆进行符合相关规定的改装，将柴油供电机组安装在车辆上，配合各种快捷接口及随车照明设备，快速地提供电力供应及临时照明，供电机组的外面再覆以铁外壳组成一个整体，机组和车辆实际上已经是一个整体，形成了特种设备车辆，车辆通常涂刷有警示作用的车漆。

车载式的最大特点是机动灵活，随到随发，随发随用，能够很好地满足临时应急供电的需求，可用来供电、检修设备、会议保障、野外作业等。缺点是发电机组和车辆的一体化设计造成车辆和发电机组不能分离，那么发电机组作业的这段时间车辆出于闲置状态，机组的使用成本上升，局限性比较大。

图4-4所示为准备交付的成品供电车，可以看到整车采用了一体化设计，供电机组的接口设置在车辆的后半部，在车辆的侧面设置有上下卷帘门以便人员进入车内进行检修，在车辆的两侧设置有警示灯，全车涂刷黄色以起到警示提醒的作用。

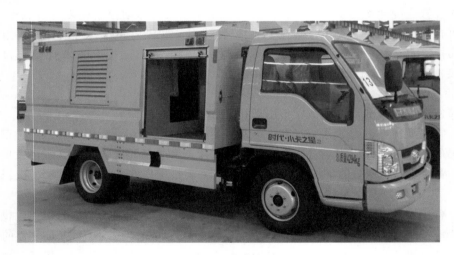

图4-4　汽车电站

（2）牵引式柴油供电模块。牵引式柴油供电模块（以下简称"牵引式"）形式上和车载式类似，机动灵活性也很好，本质的区别是牵引式实现了车辆和发电机组的分离，降低了使用成本。

牵引式柴油供电模块是将柴油供电机组安装在可移动的钢制底盘上，底盘详细介绍如下：

1）防雨罩体安装在移动拖车上，结构一体化，箱体底座与拖车采用螺栓固定方式（保证箱体和拖车的正常连接）。

2）有灵活方便的牵引杆，移动底盘与牵引车之间有灵活的方向性，使牵引方便。

3）吊装方式：满足整车顶部吊装。

4）移动发电机组应能承受行驶和运输过程中的震动和冲击。

5）底盘的减震系统及车轮应满足车重要求。轮胎为未经使用的非翻新轮胎（轮胎材料为未翻新材料）。

6）移动拖车采用汽车牵引，机组、拖车及轮胎等满足最高跟踪时速 60km/h；转弯限速 10km/h 的牵引行驶速度要求。

7）移动拖车四轮，轮胎设有挡泥板。

8）移动拖车按相关标准安装必要的警示灯和警示标识。

9）移动拖车设有驻车手刹与行车气刹。

牵引式与车载式相比供电机组的体积可以更大，发电功率也可以相应增大。牵引式可以由任何动力足够的车辆牵引至供电现场，到达现场后车辆即可驶离，机组和车辆的分离使发电机组的制造成本及使用成本大幅度降低，适合一些作业点比较集中，不轻易移动的施工场合。

图 4-5 即为牵引式供电模块，在日常生活中也称为移动电站，机组在工作时底盘的固定支撑装置锁死，四面的机盖向外支起以便机组散热，作业人员可以通过快速取电接口取电，通常噪声较大，不适合夜间使用。

图 4-5　移动电站

（3）开架式柴油供电模块。开架式柴油供电模块即在发电机组的外面不加装防雨静音外罩，裸机组直接安装在基座上，基座通过地脚螺栓和水泥基础固定。如图 4-6 所示，开架式柴油供电模块的结构从外观上直接就可以看出来。最右侧的是发电机，发电机上方的控制柜就是机组的控制箱，控制机组的启停，控制箱上面的液晶屏幕反映了机组的一些实施参数，中间是柴油发动机，最左边黑色的部分是散热器，这四部分组成了一个完整的发电机组。

上面提及的移动式供电模块只是将本节中开架式机组安装在车上或移动底盘上，外面再覆以钢制外壳，其工作原理都是一样的。开架式机组的特点是功率范围广，功率可以从几百千瓦做到上千千瓦不等；便于维护检修，四周有足够的空间进行检修。当发电机组作为常用电源时，开架式供电模块是较好的选择。由于没有防雨降噪外壳，开架式供电模块适合在设有单独发电机房的项目中使用，机房在设计时应充分考虑多种降噪措施，如将吸音板、吸音棉等材料在墙面上敷设，采用吸音型墙板等措施，将噪声降到最小。还要注意储油罐的防火防爆措施，建造符合规定的储油室。

图 4 - 6　开架式发电模块

（4）箱式静音型供电模块。箱式静音型供电模块（以下简称"静音箱"），顾名思义就是将发电机组装入静音型的箱体内。箱体有集装箱式和静音箱两种，集装箱又分为标准型和特殊型。集装箱和静音箱在箱体的功能性布置上，静音箱要更胜一筹。但在出国运输方面，静音箱就要逊色于集装箱，后面还有详细的介绍，在此不再赘述。图 4 - 7 为静音箱式柴油发电机组外观实例图。

静音箱的箱体与其他形式的发电机组相比技术含量更高，当然隔音降噪方面的表现也更好。一般机组的噪声是空旷处 7m 低于 102dB 合格，102dB 对于人体感受来说也是过于吵闹了。即使经过机房的隔离也不能降到理想的分贝数。但是加装静音箱后的机组分贝数可降到 60～70dB，再加上机房的隔绝，就完全能够满足使用的需求，即使露天放置在空旷的室外，也能满足工程项目对于噪声的控制要求。

在实际生活中供电模块的种类远远不止这四类，不管采用何种构造，其工作原理都相同，不同的外形是为了适应各种各样的恶劣工况，能够更稳定高效地提供电力供应。

图 4 - 7 静音箱

4.3 柴油供电模块的技术指标

柴油发电模块也是一种机电一体化设备，它是由柴油机、交流发电机和控制系统这三大部件组成的，其技术涉及机械力学、电学和自动化控制等领域。

4.3.1 尺寸及接口

1. 柴油供电模块的外形尺寸

表 4-1～表 4-3 为 100kW、200kW、300kW 三个功率等级的柴油供电模块，开架式、静音箱式、移动式三种机组的外形尺寸及重量。通过表 4-1～表 4-3 不难发现，机组的外形尺寸和其功率有着一定的关系，额定功率越大机组的尺寸也越大，通过其外观有时就可以辨别机组的额定功率。

表 4-1　　　　　　　　　100kW 供电模块三种机组的外形尺寸

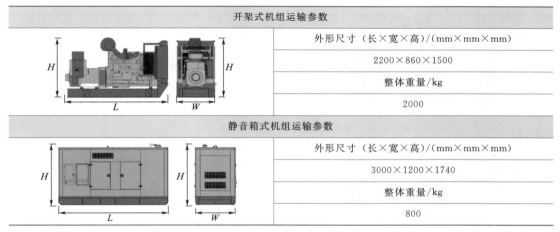

开架式机组运输参数	
	外形尺寸（长×宽×高）/(mm×mm×mm)
	2200×860×1500
	整体重量/kg
	2000
静音箱式机组运输参数	
	外形尺寸（长×宽×高）/(mm×mm×mm)
	3000×1200×1740
	整体重量/kg
	800

续表

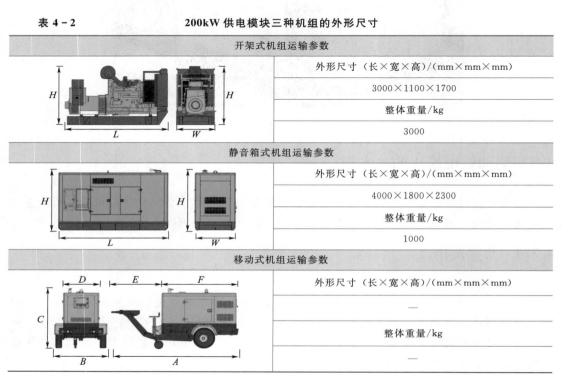

移动式机组运输参数	
	外形尺寸（长×宽×高）/(mm×mm×mm)
	—
	整体重量/kg
	—

表 4 - 2　　　　　　　　　　200kW 供电模块三种机组的外形尺寸

开架式机组运输参数	
	外形尺寸（长×宽×高）/(mm×mm×mm)
	3000×1100×1700
	整体重量/kg
	3000
静音箱式机组运输参数	
	外形尺寸（长×宽×高）/(mm×mm×mm)
	4000×1800×2300
	整体重量/kg
	1000
移动式机组运输参数	
	外形尺寸（长×宽×高）/(mm×mm×mm)
	—
	整体重量/kg
	—

表 4 - 3　　　　　　　　　　300kW 供电模块三种机组的外形尺寸

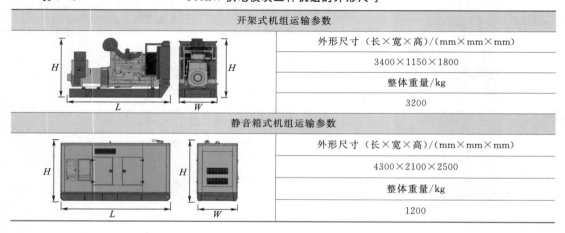

开架式机组运输参数	
	外形尺寸（长×宽×高）/(mm×mm×mm)
	3400×1150×1800
	整体重量/kg
	3200
静音箱式机组运输参数	
	外形尺寸（长×宽×高）/(mm×mm×mm)
	4300×2100×2500
	整体重量/kg
	1200

移动式机组运输参数		
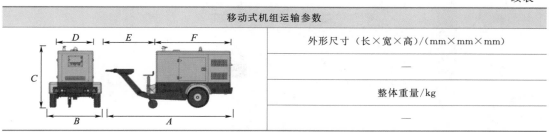	外形尺寸（长×宽×高）/(mm×mm×mm)	
	—	
	—	
	整体重量/kg	

2. 柴油供电模块的接口

柴油供电模块作为专业的特种设备，在设备设计时其各种接口位置的选择和形状的设计都有着自己的独特性质，下面以集装箱式为例进行介绍。

集装箱式柴油发电机组是一个六面体，顶部一般设置有排烟消声器，出于操作方便考虑，底部不设置任何接口。图4-8为箱体主视图，箱体的基本外形均是如此，侧面设置有操作窗口及各种接口。

图4-8　集装箱式柴油发电机组主图

图4-9为右视图，图中百叶窗主要起散热的作用，维修舱门方便对机组的检修与日常维护，检修舱门设置在侧面临近柴油发动机的一侧，并且在右视图及左视图对侧均有设置，因为大多时候柴油发电机组出现问题都是柴油发动机出现问题，门设置在侧面方便检查维修及日常保养。

柴油发电模块的控制系统集成在控制器窗口内（图4-10），操作人员在机组外通过控制屏可获取机组实时的运行参数以及对机组启动和急停的操作。整个箱体可通过地梁的叉车孔由叉车整箱移动，也可通过顶梁的吊装孔由吊车整箱吊装移动，相对来说还是比较方便的。

发电机组发出的电能通过取电口输出，取电口一般有两种取电方式，一种是断路器端子直接取电型；另一种为工业插座取电型（图4-11）。断路器端子直接取电的缺点是防水性差、稳定性差，优点在于比较普遍，任何类型的电缆不需经过特殊处理就可以接驳端子。而工业插座取电型的优点在于防水性好，连接安全可靠，但局限性是必须由工业插头连接。

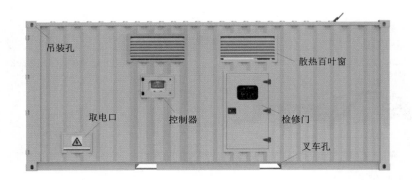

图 4 - 9 右视图

图 4 - 10 控制器窗口

（a）取电口总览   （b）取电口局部放大图

图 4 - 11 工业插座取电口

箱体左侧（图4-12）相对右侧而言，布置得就比较简单了，相同的部分是检修门、散热百叶窗、叉车孔及吊装孔，不同的是设置了发电机组的燃料补充口和箱体内的排污口。

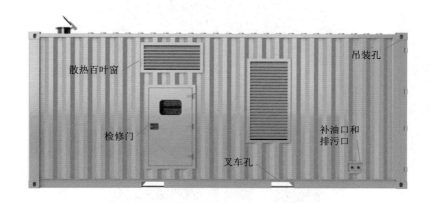

图4-12　左主视图

图4-13为设置在箱体顶部的排烟口。图4-13中，左侧的方形铁质容器为燃料罐，发电机组的底座也具有一定的储油功能，只是容积不大，储存能力不强，在箱体内另行设置大型的储油罐可以延长机组的运行时间。发电机组从底座取油供柴油发动机运行使用，而储油罐与底座间通过油泵与油管连接，当底座缺油时油泵就从油罐泵油到底座。底座缺油的指令是由设置在底座内的传感器发出的，同时储油罐内也设置有传感器和与之对应的控制屏上的显示数据，操作人员可通过显示器观察储油罐的油量并计算工作时间，从而合理地安排加油时间。

图4-13　顶部排烟

在图4-14右侧的是整箱的电器柜，取电口与本电器柜连接取电，控制器也需要电气连接，如果说控制器是大脑的话，那么电器柜、发电机组等均是执行部门，从而实现电力的输出。

图 4 - 14　前视图

4.3.2　相关概念与指标

1. 柴油供电模块的型号含义

国家对柴油发电机组的名称和型号编制方法做了统一规定，柴油发电机组型号排列和符号含义如图 4 - 15 所示。

图 4 - 15　柴油发电机组的型号

其中，A——输出额定功率（kW），用数字表示。

B——输出电压种类。G 代表交流工频；P 代表交流中频；S 代表交流双频；Z 代表直流。

C——发电机组类型。F 代表陆用；FC 代表船用；Q 代表汽车用；T 代表挂车用。

D——控制特征。缺位代表手动（普通型）机组；Z 代表自动化机组；S 代表低噪声机组；SZ 代表低噪声自动化机组。

E——设计序号，用数字表示。

H——变型代号，用数字表示。

K——环境特征。缺位代表普通型；TH 代表湿热型。

下面举例说明柴油发电机组型号的含义，为了便于大家理解，规定供电模块的功率均是 480kW，在实际生活中功率等级有很多。

供电模块型号举例如下：

（1）480GF5-3 表示额定功率 480kW、交流工频、陆用、设计序号为 5、第 3 次变型的普通柴油发电机组。

（2）480GFZ 表示额定功率 480kW、交流工频、陆用、自动化柴油供电模块。

（3）480GFS3 表示额定功率 480kW、交流工频、陆用、低噪声、设计序号为 3 的柴油发电机组。

（4）480GFSZ2 表示额定功率 480kW、交流工频、陆用、低噪音、设计序列号是 2 的自动化柴油发电机组。

（5）480GFC3 表示额定功率为 480kW、交流工频、船用、设计序号为 3 的柴油发电机组。

（6）480PT3 表示额定功率为 480kW、中频 400Hz、挂（拖）车式、设计序号为 3 的柴油发电机组（电站）。

（7）480GT3 表示额定功率 480kW、交流工频、挂（拖）车式、设计序号为 3 的柴油发电机组（电站）。

2. 柴油供电模块的性能等级

柴油供电模块的性能等级国家有相应的规定，相关规定遵循的标准是《往复式内燃机驱动的交流发电机组》（GB/T 2820.1），标准的第 1 部分：用途、定额和性能中的第 7 条中，明确对柴油发电机组规定了四级性能，分别是：

（1）G1 级性能。G1 级发电机组的用途是：只需规定其基本的电压和频率参数的负载。例如照明和其他简单的电气负载。

（2）G2 级性能。G2 级发电机组的用途是：负载对于电压特性的需求与公用电力系统的特性非常类似。当其负载变化时，可有暂时的然而是允许的电压和频率偏差。例如照明系统、泵、风机和卷扬机等。

（3）G3 级性能。G3 级发电机组的用途是：连接的设备对发电机组的频率、电压和波形特性有严格的要求。例如电信负载和晶闸管控制的负载。应该认识到，整流器和晶闸管控制的负载对发电机电压波形的影响需要特殊考虑。

（4）G4 级性能。G4 级发电机组的用途是：对发电机组的频率、电压和波形特性有特别严格要求的负载。如数据处理设备或计算机系统。

3. 柴油供电模块的技术参数

表 4-4～表 4-7 是某品牌为发动机的供电模块机组的实际参数，参数分为机组参数、柴油发动机参数、发电机参数以及控制器参数等，这四个部分也是组成模块最核心的部分。通过对这四个核心部分参数的限定，可以很好地把控模块的整体性能和品质。其他机组性能的好坏可通过与表 4-4～表 4-7 进行对比得出。

表 4-4　　　　　　　　　　　　发电机组详细技术参数

名　　称	参　　数	名　　称	参　　数
机组型号	C350	瞬态电压偏差（≤）/%	+20～-15
额定功率/（kW/kVA）	320/400	电压稳定时间/s	1.0

续表

名　　称	参　数	名　　称	参　数
备用功率/(kW/kVA)	350/437.5	瞬态频率偏差（≤）/%	+10～−7
额定电压/V	400/230	频率恢复时间/s	1
额定电流/A	576	稳态频率带（≤）/%	0.25
额定频率/Hz	50	稳态电压偏差（≤）/%	0.5
额定转速/(r/min)	1500	标准大气条件	GB 1105，ISO 3046 规定
调速系统	电子调速	大气压力	100kPa（海拔 400m）
短路保护	空气开关	环境温度/℃	5～40
功率因数	0.8	相对湿度/%	80
空载电压波形失真（≤）/%	3	噪声（LP7M）/A	≤100

表 4-5　　　　　　　　　　　柴油发动机详细技术参数

发动机型号	QSNT-G3	功率（主/备）	358kW/392kW
制造商	某发动机有限公司		
整机参数			
缸数	6 缸直列		
工作型式	四冲程、增压/空空中冷、D24V 电启动		
缸径/mm	140×152		
压缩比	16.3∶1		
总排量/L	14		
排气系统			
最大允许排气背压/kPa	10.0		
排烟量/(m³/min)	30.6		
排烟温度/℃	497		
进气系统			
最大允许进气背压/kPa	6.2		
空气流量/(m³/min)	15.78		
冷却系统			
冷却液容量/L	21		
冷却水介质	防冻液		
节温器打开温度/℃	83～95		
最高工作温度/℃	100		
润滑系统			
机油压力	怠速/kPa	103	
	额定转速/kPa	241～345	
允许的最高机油温度/℃	＜121		

续表

发动机型号	QSNT－G3	功率（主/备）	358kW/392kW
机油容量/L	36		
机油等级	CF－4 级		
额定机油耗/[g/(kW·h)]	0.1		
其他指标			
调速方式	电子调速		
排放级别	国二		

表 4－6　　　　　　　　　　发电机详细技术参数

发电机型号	MW350P
结构	单支点
容量（功率）/kW	350
电压/V	400
频率/Hz	50
励磁方式	无刷自励磁
满载励磁电压/V	400
功率因素	0.8（滞后）
相数	3
接线方式	三相四线制（Y接）
绝缘等级	H
防护等级	IP22
稳态电压调整率	单机运行：±1%　并联运行：±2.5%
过载	在110%额定负载运行1h
短路电流能力	300% 10s
恢复时间/s	1
电话影响系数	<50TIF
波形畸变率	<3%THD
绕主节距	2/3 72匝
稳态电压调整率	±1%
冷却方式	风扇自冷
海拔/m	≤1000
工作制	连续工作制
调节方式	AVR（自动电压调节器）
绕组材质	全铜

注：1. 漆包线按 TEC 标准；硅钢片为冷轧无取向硅钢（定转子全片，使用 50WW800 沙钢）；三防工艺：防潮、防盐雾、防霉。
　　2. 发电机符合 GB755，BS5000，VDE0530，NEMAMG1－22，IED34－1，CSA22.2 和 AS1359 标准。

表 4 - 7　　　　　　　　　　　　控制器详细技术参数

控制系统型号	DSE7320	
制造商	Deep Sea Electronics	
品牌	深海	
产地	英国	
型号	DSE7320	
启动方式	手/自一体	
显示	液晶显示	
中/英等 16 国家语言	具有 PLC 逻辑功能（最多支持 50 步）	
支持电喷或非电喷以及燃气的发动机	休眠省电模式	
250 条事件记录（带有日期和时间）	分级甩载—加载/分级加虚拟负载（负载箱）	
支持 Modbus RTU 通信协议	可取消所有的保护功能	
发电机电流、发动机频率	自定义输出 E，F，G 和 H：2Amp DC 输出	
同时带有 RS232 和 RS485 通信端口	燃油继电器输出 A：15Amp DC 输出	
报警分级：预报警、电气跳闸和停机	可自行升级软件固件版本	
手动控制燃油泵	具有发动机、发电机监控和保护功能	
手动控制发动机转速（电喷发动机）	转速传感器频率范围：1Hz/10kHz	
可预设运行时间（机组需要定期启动，进行保养运行）	继电器输出 C 和 D：8Amp 250V 无源触点输出	
发动机参数：转速、油压、水温、电池电压、油位（%）、运行小时数、启动次数和充电电机电压	可预设保养周期功能（发动机运行 250 小时，需换三滤等）	
发电机参数：频率、三相电压（L—L，L—N）和三相电流	转速传感器电压范围：最小＋/－0.5V（启动期间）～70V	
功率参数：kVA、kW、pF、kvar 和 kWh	发动机转速、发动机油压、发动机水温、蓄电池电压、发电机电压	
启动电器输出　B：15 Amp DC 输出	具有通信和扩展功能	

4. 柴油供电模块的安装方式

一般情况下发电机组的安装方式是根据工程的实际需求，生产商和用户之间商定的。但在大多数时候，安装的工程环境相差不大，主要有如下典型安装型式：

（1）刚性安装。发电机组安装在刚性底架上。若安装发电机组的底架固定在无弹性层嵌入的低弹性衬底（如软木垫块）上，则认为这种安装方法是刚性的。

（2）弹性安装。发电机组安装在弹性底座上，根据其特性可以部分隔离振动。对于特殊用途（例如船用或移动式），可能要求限制弹性安装。

1）全弹性安装。根据用户和制造商商定，发电机组安装在带有底架的基础或基座上，可隔离较强的振动。

2）半弹性安装。往复式内燃（RIC）机的安装方式是弹性安装，而与其配套的发电机则是刚性安装在基座或基础上。

3）安装在弹性基础。发电机组安装在弹性基础（减振块）上，机组与承载基础隔离（如抗振架）。

4.3.3 综合工况

柴油供电模块的综合工况是指在规定的环境条件下柴油发电机组能够输出额定功率，并能连续稳定地持续工作。国际标准中对于发电机组的工作环境的规定，主要是在海拔、温度、湿度、有无霉菌、盐雾机放置倾斜角等方面。

组成发电机组的发动机、发电机及控制装置在国家标准中分别有自己的规定和标准，所以在选择确定机组的工作环境条件时，应综合考虑这些因素，重点应以发动机的标准环境条件为基础。

根据《移动电站通用技术条件》（GB/T 2819）的规定，电站输出额定功率的环境条件应为下面规定中的一种，并应在产品技术条件中明确：①海拔 0m，环境温度 20℃，相对湿度 60%；②海拔 1000m，环境温度 40℃，相对湿度 60%。

机组在下列条件下应能输出规定的功率（允许修正功率）并可靠地工作，其条件应在产品技术条件中明确。

（1）海拔不超过 4000m。

（2）环境温度下限值分别为 −40℃、−25℃、−10℃（对汽油电站）、5℃，上限值分别为 40℃、45℃、50℃。

（3）相对湿度、凝露和霉菌。

1）综合因素应按表 4-8 的规定。

表 4-8　　　　　　　供电模块综合工况的综合因素

环境温度上限值/℃		40	40	45	50
相对湿度/%	最湿月平均最高相对湿度	90（25℃时）①	95（25℃时）①		
	最干月平均最低相对湿度			10（40℃时）②	
凝露			有		
霉菌			有		

① 指该月的平均最低温度为 25℃，月平均最低温度是指该月每天最低温度的月平均值。

② 指该月的平均最高温度为 40℃，月平均最高温度是指该月每天最高温度的月平均值。

2）长霉。电站的电气零部件经长霉试验后，表面长霉等级应不超过《电工电子产品环境试验》（GB/T 2423.16）中规定的 2 级。

（4）倾斜角。对柴油电站而言，电站纵向前、后水平倾斜度不大于 10°或 15°。

机组运行的现场条件应由用户明确确定，且对于现场中特殊的环境，如爆炸等条件加以说明。

4.3.4 功率

1. 额定功率的分类

柴油供电模块的功率是指能够提供给用户的额定功率，这部分功率不应包括基本独立辅助设备所吸收的电功率。供电模块的额定功率又分为多个种类，应符合《往复式内燃机驱动的交流发电机组　第 1 部分：用途、定额和性能》（GB/T 2820.1）中第 13 条的相关规定，具体如下：

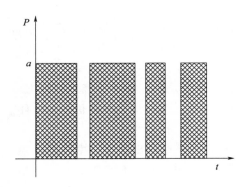

图 4-16　持续功率（COP）图解

（1）持续功率（COP）。在商定的运行条件下并按制造商规定的维修间隔和方法实施维护保养，发电机组每年运行时间不受限制地为恒定负载持续供电的最大功率，如图 4-16 所示。其中，t 表示时间，P 表示功率，a 表示持续功率（100%）。

（2）基本功率（PRP）。在约定好的运行条件下并按制造商规定的维修间隔和方法实施维护保养，发电机组能每年运行时间不受限制地为可变负载持续供电的最大功率，如图 4-17 所示。

在 24h 周期内的允许平均输出功率 P_{pp} 应不大于 PRP 的 70%，除非往复式内燃（RIC）机制造商另有规定（注：当要求允许的平均输出功率大于规定值时，可使用持续功率）。

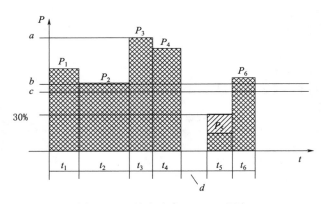

图 4-17　基本功率（PRP）图解

当确定某一变化的功率序列的实际平均输出功率 P_{pa}（图 4-17）时，小于 30%PRP 的功率应视为 30%，且停机时间应不计。

实际平均输出功率 P_{pa} 的公式为

$$P_{pa} = \frac{P_1 t_1 + P_2 t_2 + P_3 t_3 + \cdots + P_n t_n}{t_1 + t_2 + t_3 + \cdots + t_n} = \frac{\sum\limits_{i=1}^{n} P_i t_i}{\sum\limits_{i=1}^{n} t_i}$$

式中　P_1，P_2，$\cdots$，P_i——在时间 t_1，t_2，$\cdots$，t_i 时的功率。

图 4-17，t 表示时间，P 表示功率，a 表示基本功率（100％），b 表示 24h 内允许的平均功率 P_{pp}，c 表示 24h 内实际的平均功率 P_{pa}，d 表示停机。注：$t_1 + t_2 + t_3 + \cdots + t_n = 24h$。

（3）限时运行功率（LTP）。限时运行功率定义为：在商定的运行条件下并按制造商的维修间隔和方法实施维护保养，发电机组每年供电达 500h 的最大功率，如图 4-18 所示，按 100％ 限时运行功率（LTP）每年运行时间最多不超过 500h。图 4-18 中，t 表示时间，P 表示功率，a 表示限时运行功率（100％）。

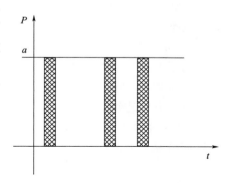

图 4-18　限时运行功率（LTP）图解

（4）应急备用功率（ESP）。应急备用功率定义为：在商定的运行条件下并按制造商的维修间隔和方法实施维护保养，当公共网出现故障或在试验条件下，发电机组每年运行达 200h 的某一可变功率系列的最大功率（图 4-19）。在 24h 的运行周期内允许的平均输出功率 P_{vv} 应不大于 ESP 的 70％，除非往复式内燃（RIC）制造商另有规定。图 4-19 中，t 表示时间，P 表示功率，a 表示应急备用功率（100％），b 表示 24h 内允许的平均功率 P_{vv}，c 表示 24h 内实际的平均功率 P_{pa}，d 表示停机。注：$t_1 + t_2 + t_3 + \cdots + t_n = 24h$。

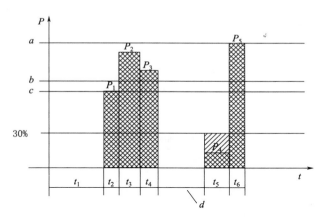

图 4-19　应急备用功率（ESP）图解

实际的平均输出功率 P_{pa} 应低于或等于定义 ESP 的平均允许输出功率 P_{pp}，当确定某一可变功率序列的实际平均输出功率 P_{pa} 时，小于 30％ESP 的功率应视为 30％，且停机时间应不计。

实际的平均输出功率 P_{pa} 的公式为

$$P_{pa} = \frac{P_1 t_1 + P_2 t_2 + P_3 t_3 + \cdots + P_n t_n}{t_1 + t_2 + t_3 + \cdots + t_n} = \frac{\sum\limits_{i=1}^{n} P_i t_i}{\sum\limits_{i=1}^{n} t_i}$$

式中　P_1，P_2，$\cdots$，P_i——在时间 t_1，t_2，$\cdots$，t_i 时的功率。

2. 功率因数

功率因数分为电路的功率因数和模块的功率因数两类。电路的功率因数是负载类型的体现，负载类型分为阻性负载、感性负载、容性负载和非线性负载等。模块的功率因数是指模块的效率，是有功功率和视在功率的比值，在计算模块功率时应考虑功率因数的影响。

3. 功率修正

除了考虑功率因数外还需考虑 4.3.3 节中综合工况对功率的影响，额定功率是指在外界大气压为 0.1MPa，环境温度为 20℃，相对湿度为 50%，发动机转速在额定转速下，在 24h 内允许连续运转 12h 的功率（其中包括在 110% 超负荷下连续运转 1h 的超额功率）。如果连续运转超过 12h，则应按照 90% 的额定功率来使用。如果外界气压、温度、湿度等情况与上述标准情况不同，则应参照表 4-9 和表 4-10 中所列举的修正系数进行修正。实际功率的计算公式为

$$实际功率＝额定功率×修正系数×功率因数$$

表 4-9　　　　　　　　　　　相对湿度为 50%时的功率修正系数

海拔 /m	大气压力 /MPa	大气温度/℃									
		0	5	10	15	20	25	30	35	40	45
0	0.101					1.00	0.98	0.96	0.94	0.92	0.89
200	0.099				0.99	0.97	0.95	0.93	0.92	0.89	0.86
400	0.097		1.00	0.98	0.96	0.94	0.92	0.90	0.89	0.87	0.84
600	0.094	1.00	0.97	0.95	0.94	0.92	0.90	0.88	0.86	0.84	0.82
800	0.092	0.97	0.94	0.93	0.91	0.89	0.87	0.85	0.84	0.82	0.80
1000	0.09	0.94	0.92	0.90	0.89	0.87	0.85	0.83	0.81	0.79	0.77
1500	0.085	0.87	0.85	0.83	0.82	0.80	0.79	0.77	0.75	0.73	0.71
2000	0.079	0.81	0.79	0.77	0.76	0.74	0.73	0.71	0.70	0.68	0.65
2500	0.075	0.75	0.74	0.72	0.71	0.69	0.67	0.65	0.64	0.62	0.60
3000	0.07	0.69	0.68	0.66	0.65	0.63	0.62	0.61	0.59	0.57	0.55
3500	0.066	0.64	0.63	0.61	0.60	0.58	0.57	0.55	0.54	0.52	0.50
4000	0.062	0.59	0.58	0.58	0.55	0.53	0.52	0.50	0.49	0.47	0.46

表 4-10　　　　　　　　　　相对湿度为 100%时的功率修正系数

海拔 /m	大气压力 /MPa	大气温度/℃									
		0	5	10	15	20	25	30	35	40	45
0	0.101					0.99	0.96	0.94	0.91	0.88	0.84
200	0.099			1.00	0.98	0.96	0.93	0.91	0.88	0.82	0.82
400	0.097		0.99	0.97	0.95	0.93	0.90	0.88	0.85	0.82	0.79
600	0.094	0.99	0.97	0.95	0.93	0.91	0.88	0.86	0.83	0.80	0.77

续表

海拔 /m	大气压力 /MPa	大气温度/℃									
		0	5	10	15	20	25	30	35	40	45
800	0.092	0.96	0.94	0.92	0.90	0.88	0.85	0.83	0.80	0.77	0.74
1000	0.09	0.93	0.91	0.89	0.87	0.85	0.83	0.81	0.78	0.75	0.72
1500	0.085	0.87	0.85	0.83	0.81	0.79	0.77	0.75	0.72	0.66	0.63
2000	0.079	0.80	0.79	0.77	0.75	0.73	0.71	0.69	0.66	0.63	0.60
2500	0.075	0.74	0.73	0.71	0.70	0.68	0.65	0.63	0.61	0.58	0.55
3000	0.07	0.69	0.67	0.65	0.64	0.62	0.60	0.58	0.56	0.53	0.50
3500	0.066	0.63	0.62	0.61	0.59	0.57	0.55	0.53	0.51	0.48	0.45
4000	0.062	0.58	0.57	0.56	0.54	0.52	0.50	0.48	0.46	0.44	0.41

4.4 柴油供电模块的总体构造

本节以集装箱式柴油供电模块为例讲解柴油供电模块的总体构造。如图 4-20 所示，模块由箱体、柴油发动机、发电机、电气系统等组成，机组各部件在箱体内的布置位置经过反复验证，在保证各部件正常运转的前提下，尽可能地减小设备箱尺寸，方便运输。

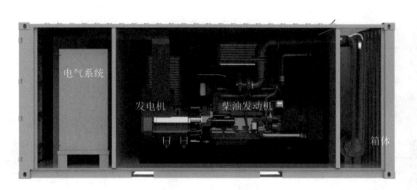

图 4-20 右视剖切图

4.4.1 箱体

箱体一般用于箱式柴油发电机组，有集装箱式和静音箱式两大类，集装箱式又分为标准型和特殊改装型。标准型就是常规的 20 尺及 40 尺集装箱，内部安装柴油发电机组。特殊改装型集装箱即根据柴油发电机组的结构特点将箱体进行相应的改造，如图 4-21 所示。可以看到正面百叶格栅为散热口，机组的热量从此处排出。侧面的小门为维修出入口，供检修人员进出，这样的箱体适合 500kW 以上的机组，对于需要出口的机组更为方便，因为箱体本身就是集装箱，还可以省去集装箱的费用。

(a) 箱体外观　　　　　　　　　　　　　(b) 内部剖切图

图 4 - 21　集装箱箱体

静音箱箱体如图 4 - 22 所示，整体外观和集装箱不同，静音箱是根据机组大小订制的，箱体的底盘就是发电机组的底盘，箱体上各种接口更多，由于是订制产品在噪声的控制上更优，接口的布置上也比较合理。

图 4 - 22　静音箱箱体

国内运输方面，集装箱式和静音箱式没有太大的区别，但在出国运输方面，集装箱式有着明显的优势，标准型集装箱可直接上船运输，而静音箱式则需要打木箱走散船或者装集装箱后再运输，所以成本上静音箱式也更高。不管是集装箱式还是静音箱式，在箱体加工及结构上都有一定的共性，主要要求如下：

1. 箱体整体结构

（1）箱体一般采用一级冷轧钢板折弯与承力矩形钢焊接而成，主体结构牢固，壁板之间刚性连接成一体。

（2）箱体内油、水、气、电各类管线分离布放，箱体壁板设置电缆出线及油箱加油口。

（3）箱体设置两个以上日常操作检修门，箱体布置方便，操作人员对机组的操作及保养、检修方便。

（4）在箱体外设置油机操作窗口，操作人员可进行室外操作。

（5）在箱体内设备防爆灯具。

（6）箱体外应设置机组排污口及油箱排污口，排污口应密封良好。

2. 箱体技术性能

（1）箱体整体具有足够的强度和刚度，箱体各部件的连接牢固可靠，能抵御机组使用过程中的震动影响。

（2）箱体底部预设安装孔，便于设备的固定安装，箱体结构应与地基连接牢靠。

（3）箱体采用整体全封闭防雨、防尘、防潮结构。

（4）箱体应进行振动特性方面的计算及试验，避免电站运行时与风机、发电机组等产生共振。

（5）机房箱体底座和顶部设有标准吊装点，方便吊装；箱体顶盖可承受踩踏而不产生永久变形。

（6）承力框架的焊接质量应符合《工程机械焊接件通用技术条件》（JB/T 5943）的规定。

（7）焊缝无焊穿、裂缝、夹渣及未焊透的现象。各焊点牢固，不得在运输过程中开焊。

（8）机房箱体有安全接地设计，箱体内设有接地端子，利用引下线与预留接地系统连接。

3. 箱体外观

（1）箱体壁板蒙皮焊接时焊点应均匀，无虚焊、咬边、焊穿等现象，蒙皮平整，无明显的凸凹不平现象。

（2）箱体内外表面可按照用户要求喷漆，以招标方提供的图案、色标为准。外表面漆层喷涂应均匀，无流痕、皱纹、漏涂、起泡、脱皮、裂纹等缺陷，外表面漆层能抗沙尘雨水侵蚀及日光照射。

4. 排烟消声器

（1）箱体内配置排烟消声器。

（2）消声器消音部件采用工业消声标准，整体满足机组的使用要求，外表面喷涂耐高温漆。

（3）对箱体内部的排气管隔热包扎，并对箱体外部的排气管进行降噪处理。

（4）排烟管道应安装弹性减震节，隔绝机组振动对排气系统的影响，在排气系统的吊装上应采用弹性吊挂形式，管道的室内部分应采用隔热隔声包扎，以有效改善机组的运行环境及由排气管引起的噪声。

对于箱式发电机组而言，噪声的控制也是一个比较重要的课题，为了最大限度地限制噪声的传出，在箱体内部各个面均贴有吸音棉［如图 4-23（a）所示］，在排气管上也装有特别研发的消声器，在机组与箱体的连接处也设置有减震垫［如图 4-23（c）所示］，避免机组的振动传递给箱体。

（a）箱体内的吸音棉　　　　　（b）固定地梁　　　　　　　（c）减震垫

图 4-23　箱体剖面图

4.4.2　柴油发动机

柴油发动机是内燃机的一种，是将柴油喷射到汽缸内与空气混合，经压缩燃烧释放出能量转变为机械能的热力发动机。柴油发动机是整个机组的动力提供者，机组整体性能的决定者，是整套机组中结构最为复杂、构造最为精密的部分。所以柴油机的性能指标是衡量整套机组性能最重要的参数，正是这样的特殊性，柴油机是选择机组时需要特别注意的设备。

1. 常用术语

（1）上止点。活塞在气缸里作往复直线运动时，当活塞向上运动到最高位置，即活塞顶部距离曲轴旋转中心最远的极限位置，称为上止点（Top Dead Center，TDC）。

（2）下止点。活塞在气缸里作往复直线运动时，当活塞向下运动到最低位置，即活塞顶部距离曲轴旋转中心最近的极限位置，称为下止点（Bottom Dead Center，BDC）。

（3）活塞行程。活塞从一个止点到另一个止点移动的距离，即上、下止点之间的距离称为活塞行程。一般用 S 表示。对应一个活塞行程，曲轴旋转 $180°$。

（4）曲轴半径。曲轴旋转中心到曲柄销中心之间的距离称为曲柄半径，一般用 R 表示。通常活塞行程为曲柄半径的两倍，即 $S=2R$。

（5）气缸工作容积。活塞从一个止点运动到另一个止点所扫过的容积，称为气缸工作容积。一般用 V_h 表示。

（6）燃烧室容积。活塞位于上止点时，活塞顶部和气缸盖之间的容积 V_c。

（7）发动机排量。多缸发动机各气缸工作容积的总和，称为发动机排量。

（8）压缩比。压缩比（compression ratio）是发动机中一个非常重要的概念，压缩比表示气体的压缩程度，它是气体压缩前的容积与气体压缩后的容积的比值，即气缸总容积与燃烧室容积之比称为压缩比。

（9）工作循环。每一个工作循环包括进气、压缩、做功和排气过程，即完成进气、压缩、做功和排气四个过程称为一个工作循环。

2. 工作原理

柴油发动机按照工作循环可分为二冲程柴油发动机和四冲程柴油发动机，四冲程柴油机工作循环如图 4-24 所示，由进气冲程、压缩冲程、做功冲程及排气冲程组成一个工作循环。

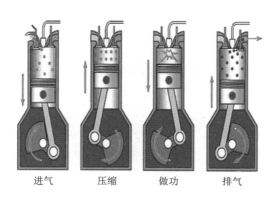

进气　　　压缩　　　做功　　　排气

图 4-24　四冲程柴油机工作原理图

（1）进气冲程。进气冲程是由进气门开启开始到进气门关闭为止。为了获得较多的进气量，活塞到达上止点前进气门就开始开启。当活塞到达上止点时，进气门和进气门座之间已有一定的通道，活塞由上止点下行不久气缸内的压力很快低于大气压，形成了真空，空气在大气压力作用下经空气滤清器、进气管道进入气缸。当活塞到达下止点时，空气还具有较大的流动惯性继续向气内充气，为了充分利用气体流动的动量，使更多的空气充入气缸，进气门在下止点之后才关闭。

在进气门关闭之前，由于气体流动惯性的作用使气缸内的气体压力有所回升，但由于气体流动的节流损失，气缸内的压力仍低于外界大气压力，进气终点压力为 0.8～0.95 倍的大气压力。充入气缸的空气与燃烧室壁及活塞顶等高温机件的接触，以及与上一循环没有排净而留在气缸内的残余废气的混合，使进气温度升高。最终进气温度可达 30～65℃。

（2）压缩冲程。当进气冲程终了时，活塞继续在曲轴的推动下越过下止点而向上止点移动。由于此时进气门和排气门都关闭，所以活塞上移时气缸容积逐渐减小，缸内空气逐渐被压缩，其压力和温度也随之逐渐升高直至活塞到达上止点时，空气完全被压缩至燃烧室内，此时压力可达 30～50kg·f/cm²，温度可达 680～730℃，这就为柴油喷入气缸后的着火燃烧和充分膨胀创造了必要条件。柴油的自燃温度在 300℃ 左右，为保证柴油喷入气缸后能及时迅速燃烧和冷启动时可靠点燃，其压缩终点温度应高出于柴油自燃温度的 1 倍左右。压缩终了的状态参数主要取决于空气的压缩程度，也就是压缩前活塞处于下止点时气缸中气体所占有的容积（即气缸总容积 V_t）与压缩后活塞处于上止点时气体所占有的容积（即燃烧室容积 V_c）之比，此比值称为压缩比。

（3）做功冲程。在压缩冲程接近终了，活塞到达上止点前的某一时刻，柴油开始从喷油嘴以高压喷入燃烧室而形成油雾状，并在高温压缩空气中迅速蒸发而混合成可燃混合气（这种在气缸内部形成可燃混合气的方式称为内混合），随后便自行着火燃烧放出大量热量，使气缸中的气体温度和压力急剧升高，最高温度可达 2000℃ 左右，最高爆发压力可达 $60 \sim 90 \mathrm{kg} \cdot \mathrm{f} / \mathrm{m}^2$（随燃烧室的结构型式不同而有所差异，增压及增压中冷柴油机此数值还要更高）。由于此时进气门和排气门是关闭的，所以高温高压气体膨胀推动活塞由上止点迅速向下止点移动，并通过连杆的传递迫使曲轴旋转对外输出动力。这样，热能便转化成机械能。随着活塞的下移，气缸内的气体压力和温度也随之逐渐降低，待活塞接近下止点时，做功冲程便告终了，此时缸内压力降到 $3 \sim 4 \mathrm{kg} \cdot \mathrm{f} / \mathrm{cm}^2$，温度降到 $800 \sim 900℃$。

（4）排气冲程。做功冲程完成后，曲轴靠飞轮的转动惯性继续旋转推动活塞越过下止点向上止点移动。这时排气门开启，进气门仍关闭，由于膨胀后的废气压力仍高于外界大气压力，所以废气在此压差以及受活塞的排挤的作用下迅速从排气门排出。出于受到排气系统的阻力作用，因此排气终了时的缸内废气压力仍略高于大气压力，为 $1.05 \sim 1.25 \mathrm{kg} \cdot \mathrm{f} / \mathrm{cm}^2$，温度为 $300 \sim 700℃$（在排气门附近）。

由于燃烧室占有一定的容积，以及上述排气阻力的影响，废气不可能完全排出，留下的残余废气在下一工作循环进气时与新鲜空气混合而成为工作混合气。残余废气越多，对下一工作循环的不良影响越大，因此希望废气排得越干净越好。

3. 结构及主要部件

图 4-25 所示为柴油发动机结构示意图，通过本图对柴油发动机的主要部件及各个系统进行分析介绍。柴油发动机的机体是整个机器的骨架，两大结构（曲柄连杆机构和配气机构）和五大系统（燃料系统、润滑系统、冷却系统、进排气系统和启动系统）构成一个完整的柴油发动机。

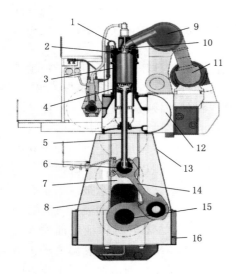

图 4-25　柴油发动机结构示意图

1—喷油器；2—气缸盖；3—气缸套；4—活塞；
5—活塞杆；6—十字头；7—导板；8—曲轴箱；
9—排气管；10—排气阀；11—涡轮增压器；
12—扫气箱；13—机体；14—连杆；
15—曲轴；16—机座

（1）骨架。柴油发动机骨架部分是机体（图 4-26），材质一般为灰铸铁或球墨铸铁。机体由气缸体、气缸套、气缸盖、气缸垫和油底壳等组成。

1）气缸体。水冷发动机的气缸体和上曲轴箱常铸成一体，一般用灰铸铁铸成，气缸体上部的圆柱形空腔称为气缸，下半部为支承曲轴的曲轴箱，其内腔为曲轴运动的空间。在气缸体内部铸有许多加强筋、挺柱腔、冷却水套和润滑油道、水道等。

2）气缸套。气缸套由耐磨的高级铸铁材料制成，内镶在气缸内。气缸套的主要作用是降低成本，提高使用寿命。由于活塞与气缸间摩擦很频繁，气缸就需要使用耐磨材料制造，而整个气缸都用耐磨的高级铸铁材料制造的话，制造成本会成倍地提高。采用气缸套后，缸体则可用价廉的普通铸铁或质量轻的铝合金制成，这样，既延长了使用寿命，又节省了成本。

气缸套分为干、湿两种类型。干气缸套外壁不直接与冷却水接触，壁厚较薄一般为 $1 \sim 3 \mathrm{mm}$。干式缸套的优点是不易漏水、漏气；湿式气缸套外壁与冷却水直接接触，壁厚较厚，为5～9mm，散热效果好，便于拆卸。

3）气缸盖。气缸盖密封气缸的上平面，与活塞顶共同形成燃烧室，如图4-27所示。

4）气缸垫。气缸垫的作用是保证缸体与缸盖间的密封，防止漏水、漏气、窜油。一般由具有弹性的材料制成，并应具备耐热及耐压的特性，如图4-28所示。

5）油底壳。油底壳安装在机体最下方，用来储存和冷却机油，同时还具备封闭曲轴箱的作用。油底壳由薄钢板直接冲压而成，在油底壳的底部有放油阀，当需要更换机油时，可打开放油阀将废机油放出。油底壳和曲轴箱间有密封衬垫，以确保整个曲轴箱的密封性，如图4-29所示。

图4-26　柴油发动机机体

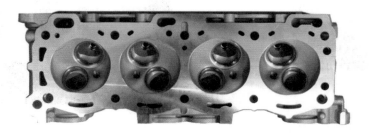

图4-27　气缸盖

图4-28　气缸垫

图4-29　油底壳

（2）两大机构。

1）曲柄连杆机构。曲柄连杆机构是发动机实现工作循环，完成能量转换的主要运动零件。它由活塞连杆组和曲轴飞轮组等组成。在做功冲程中，活塞承受燃气压力在气缸内做直线运动，通过连杆转换成曲轴的旋转运动，并从曲轴对外输出动力。而在进气、压缩和排气冲程中，飞轮释放能量又把曲轴的旋转运动转化成活塞的直线运动。

活塞顶部与气缸盖、气缸壁等共同组成燃烧室，活塞承受气体压力，并将此力传给连杆,以推动曲轴旋转,如此便完成了化学能转为机械能的过程。活塞的工作环境一般温度较高,散热条件差;顶部工作温度高且分布不均匀;活塞线速度高,承受较大的惯性力。

图4-30为曲轴连杆和活塞连杆配合构造图,两者配合起来,完成了能量的转换,同时也将活塞的线性运动变为曲轴的圆周运动,方便动力的输出和利用。

2)配气机构。根据发动机的工作顺序和工作过程,定时开启和关闭进气门和排气门,使可燃混合气或空气进入气缸,并使废气从气缸内排出,实现换气过程。配气机构大多采用顶置气门式配气机构,一般由气门组、气门传动组和气门驱动组组成。

(3)五大系统。

1)燃油系统。燃油系统的作用是完成燃料的存储、滤清和输送工作,系统包括柴油箱、输油泵、柴油滤清器和喷油嘴等,图4-31为燃油系统主要部件安装位置图。

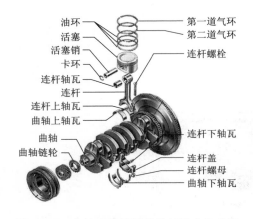

图4-30 曲轴连杆及活塞连杆配合构造图

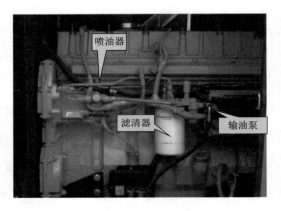

图4-31 燃油系统

燃油系统的使用及保养要点如下:

a. 检查燃油管路的接头是否松动和有无泄漏。

b. 确保向发动机供给燃油。

c. 每两周给燃油箱加满燃油,启动发动机后检查燃油压力是否正常。

d. 启动发动机后检查燃油压力是否正常,发动机停止运行后给燃油箱加满燃油。

e. 每250h从燃油箱中放出水和沉淀物。

f. 每250h更换柴油细滤清器。

2)润滑系统。润滑系统的作用是减少摩擦,曲轴的高速旋转,一旦缺少润滑,马上就会烧毁抱轴,活塞与活塞环在气缸中高速往复运动,线速度可达 $17\sim23m/s$,易造成发热而发生拉缸事故。润滑系统的润滑可以降低损耗,也能减少因摩擦造成的功率损耗;同时还兼有冷却、清洁、密封、防氧化、防锈蚀等功能,图4-32为润滑系统实物图。

润滑系统使用及保养要点如下:

a. 每周检查机油油位,维持正确的机油油位,发动机启动后检查油压是否正常。

b. 每年检查机油油位,维持正确的机油油位,发动机启动后检查油压是否正常,取机油油样,更换机油和机油滤清器。

c. 每天均需要检查机油油位。

d. 每 250h 抽取机油油样，然后更换机油滤清器和机油。

e. 每 250h 清洗曲轴箱呼吸器。

f. 检查发动机曲轴箱机油油位，保持机油油位在机油标尺"发动机停车"侧上的"加"和"满"的标记之间。

g. 检查下列零部件处有无泄漏：曲轴密封、曲轴箱、机油滤清器、机油油道堵头、传感器和气门室盖。

图 4-32 润滑系统

3）冷却系统。冷却系统的作用是保持发动机在最适宜的温度范围内工作。发动机工作时，由于燃料的燃烧，气缸内气体温度高达 2200～2800K，大约 1/3 的做功转变为机械能，其余大部分随废气排出，被发动机零件吸收，使发动机零部件温度升高，特别是直接与高温气体接触的零件，若不及时冷却，则难以保证发动机正常工作。由于过热或过冷均不利于机组的正常运行，所以分布在整个机组各处的冷却系统是必不可少的组成部分，如图 4-33 所示。

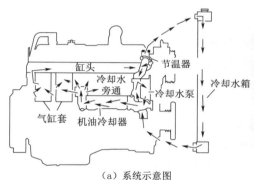

| （a）系统示意图 | （b）实物图 |

图 4-33 冷却系统

发动机过热的危害包括：①降低充气效率，使发动机功率下降；②早燃和爆燃的倾向加大，使零件因承受额外冲击性负荷而造成早期损坏；③运动件的正常间隙（热胀冷缩）被破坏，运动阻滞，磨损加剧，甚至损坏；④润滑情况恶化，加剧了零件的摩擦磨损；⑤零件的机械性能降低，导致变形或损坏。

发动机过冷的危害包括：①进入气缸的混合气（或空气）温度太低，可燃混合气品质差（雾化差），使点火困难或燃烧迟缓，导致发动机功率下降，燃料消耗量增加（热量流失过多，燃油凝结流进曲轴箱）；②燃烧生成物中的水蒸气易凝结成水而与酸性气体形成酸类，加重对机体和零件的侵蚀作用；③未汽化的燃料冲刷和稀释零件表面（气缸壁、活塞、活塞环等）上的油膜，使零件磨损加剧；④润滑油黏度增大，流动性差，造成润滑不良，加剧机件磨损，增大功率消耗，可见发动机正常的工作温度是保证发动机良好的工作性能及其使用寿命的一个重要条件。

所以冷却系统能够保证机组在合理的温度范围内工作，保障机组的正常运行，延长机组的使用寿命。

冷却系统的使用及保养要点如下：

a. 每天检查冷却液位，需要时加冷却液。

b. 每 250h 检查冷却液中防锈剂的浓度，需要时补充防锈剂。

c. 每 3000h 清洗整套冷却系统，并更换新的冷却液。

d. 每周检查冷却液液位，维持正确的液位。

e. 每年检查是否有管路泄漏，检测冷却液中防锈剂的浓度，需要时添加防锈剂。

f. 每 3 年放掉冷却液，清洗和冲洗冷却系统，更换温度调节器，更换橡胶软管，重新给冷却系统加注冷却液。

4）进排气系统。进排气系统是柴油发动机第一重要的系统，因为充足、清洁的空气对柴油机的性能影响很大。其功能是向柴油发动机各工作气缸提供新鲜、清洁、密度足够大的空气，同时将废弃排出保障工作循环内的气体循环。

a. 进气系统。进气系统由空气滤清器、进气管、气门及控制系统组成，其中最为重要的部件是空气滤清器。空气滤清器的任务是确保给发动机以足够的保护，以避免在灰尘颗粒条件下的非正常磨损。空气滤清器须有高的滤清效率、储尘能力以及使用寿命，实物图如图 4-34 所示。

进气系统使用及保养要点如下：

a）每周检查空气滤清器指示器，出现红色指示段时更换空气滤清器。

b）每年更换空气滤清器，检查并调整气门间隙。

c）每天检查空气滤清器指示器。

d）每 250h 清洗并更换空气滤清器。

e）当新机组第一次使用时，第一次到达 250h，要求必须检查并调整气门间隙。

b. 排气系统。排气系统由排气支管、进气支管和后冷器、发动机气缸等组成。排气系统的作用是将燃烧后的废气排出，同时起到消音和尾气净化等作用。排气系统示意图如图 4-35 所示。

图 4-34　排气系统主要部件图

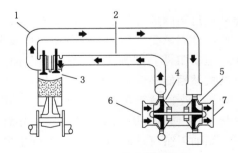

图 4-35　排气系统示意图

1—排气支管；2—进气支管和后冷器；3—发动机气缸；

4—涡轮增压器中的压气轮；5—涡轮增压器中的涡轮；

6—进气口；7—排气口

尾气处理也是一个重要问题，关系到周围生态环境保护的问题。一般通过以下方式进行尾气净化。

a）方案一：水淋式。柴油发动机工作时的一次排烟首先经过净化器进烟口处，经第一层细孔网过滤后，经由六组耐高温雾化喷头把烟尘及有害气体击化；然后进入第二层细孔滤网再进行第二次过滤，最后从净化器排放口处排出机房外。为防止雾化喷嘴被堵塞，雾化用水器采用净化水进行雾化，净化后的污水跟同时工作边排出，污水由排污管道口直接引至最近的排污集水坑处进行排放。经过有效科学治理后排出的黑烟度不大于 1 级，如图 6－36 所示。

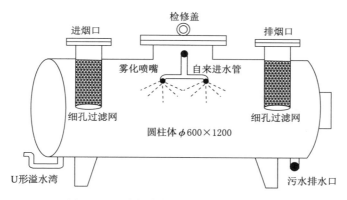

图 6－36　滤烟净化处理系统工作原理图

b）方案二：干式。柴油发动机排出的尾气含有对人体有害的硫化物、氮氧化物，出口温度可达 480.8℃，因此需对其进行治理，以达到国家环保规范。针对发动机的废气，需要设计处理设备，处理设备包括消声除尘净化器和烟气处理器等。机组尾气高速撞击液面，烟尘微尘在重力和惯性力的作用，使烟色达到排放要求。烟气烟色应达到《大气污染物排放限值》（DB 4427—2001）1 级要求，即烟色浓度为林格曼 0～1 级。

除尘净化器采用两路控制，一路为电磁阀自动控制，另一路为手动旁路控制。除尘净化器采用 A3 钢材质。所有烟管及消声除尘净化器均作隔热包扎，烟管采用厚度为 50mm 的铝箔玻璃棉隔热管套，消声除尘净化器包扎采用厚度为 50mm 的玻璃棉毡，外包金属铝箔饰面，如图 4－37 所示。

图 4－37　干式烟气处理器

5）启动系统。辅助过程和柴油发动机本身附件的工作要消耗能量，要使发动机由静止状态过渡到工作状态，必须先用外力转动发动机的曲轴，使活塞做往复运动，气缸内的可燃混合气燃烧膨胀做功，推动活塞向下运动使曲轴旋转，发动机才能自行运转，工作循环才能自动进行，因此曲轴在外力作用下开始转动到发动机开始自动地怠速运转的全过程，称为发动机的启动。

启动方式有人工启动、电动启动和压缩空气启动，目前最常用的是电动启动，电动启动组成及工作原理如图4-38所示。

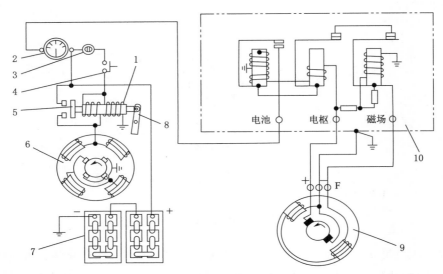

图4-38 电动启动组成及工作原理

1—牵引继电器铁芯；2—电流表；3—启动开关；4—启动按钮；5—启动开关；6—启动机；
7—蓄电池24V；8—启动驱动杠杆；9—发电机；10—发电机调节器

柴油机启动操作步骤如下：

a. 看到站控发出停电报警后，观察 UPS 等其他设备是否放电，夜间表现为站场高杆灯全灭，如图4-39（a）、（b）所示。

b. 到配电室检查停电原因，确认需要启动发电机，如图4-39（c）所示。

（a）指示灯 　　　　（b）漏保开关 　　　　（c）切换断路器

图4-39 确认停电及准备启动机组

c. 启动前须检查燃油管路的接头是否松动，有无泄漏，确保向发动机供给燃油的管路畅通，且燃油超过满量程的 2/3。

d. 润滑系统检查，检查发动机曲轴箱机油油位是否正常。

e. 防冻液液位检查。

f. 电瓶外观及电瓶电压检查，观察电瓶电压在 25～28V 之间，如图 4-40 所示。

g. 水套电伴热温度应为 30～90℃。

h. 发电机输出开关为闭合。

（a）启动电瓶　　　　　　　　　　（b）显示屏电压指数

图 4-40　启动前电瓶的检查

4.4.3　发电机

1. 基本原理

发电机是利用电磁感应原理将机械能转换成电能的旋转机械，由定子和转子两个基本部分构成，如图 4-41 所示。定子又称为电枢，它由定子壳体、定子铁芯和三相绕组等组成，是电机中产生感应电动势的部分。转子是磁极，其铁芯上绕有励磁绕组，用直流电励磁。因为转子在空间旋转，所以励磁绕组的两端分别接到固定在旋转轴上的两个滑环上，环与环、环与转轴都是相互绝缘的，在环上用弹簧压着两个固定的电刷，直流励磁电流从此通入励磁绕组。

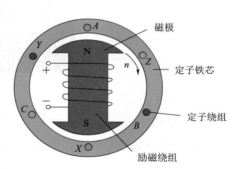

图 4-41　发电机原理图

当直流电经电刷、滑环通入转子绕组时，在磁极间就产生了磁力线，磁力线从转子 N 极经过定子、转子之间的空气隙和定子铁芯后，回到转子的 S 极。此时，若发电机的转子由原动机（即汽轮机）带动旋转，则转子磁场的磁力线就会感应出电动势。

当转子旋转时，定子绕组内磁通的大小和方向不断变化，转子每旋转一周，定子绕组中感应电动势的方向交变一次。当定子绕组与外部负载接通后，则在定子绕组和负载中有电流通过，如果三相负载是对称的，则三相电流也是对称的。对称的三相电流流过三相定子绕组时，也会产生一个磁场，该磁场是在空间旋转的，其旋转速度等于发电机转子的转速，即与转子同步旋转。这样，发电机内部的旋转磁就有两部分组成，一部分是转子绕组的直流电产生的磁场，称为直流激励的旋转磁场，或机械旋转磁场；另一部分是定子绕组中的三相电流产生的，称为交流激励的磁场，或电气旋转磁场。两个磁场在发电机内部相互作用，产生电磁转矩，这个转矩与转子旋转方向相反，趋于阻止转子旋转；为了维持转子在同步速度旋转，原动机一定要增加一个机械力矩，以抵消上述电磁力矩的作用，也就是说，原动机的机械能通过发电机中的电磁相互作用而转变为定子绕组中的电能。

　　2. 柴油供电模块内的发电机

　　柴油供电模块内发电机的工作原理也是基于电磁感应和电磁力定律，一般采用直流发电机、交流发电机及同步发电机三种。

　　供电模块的发电机在外形上和常见的发电机不同（图 4 - 42），大体上可分为定子和转子两大部分，定子包括机座、定子铁芯、定子绕线、电刷（有刷）、励磁机定子铁芯（无刷）、励磁机磁场绕组（无刷）、前后端盖；转子包括转轴、轴承、转子铁芯、主发电机励磁绕组、励磁机转子铁芯（无刷）、励磁机输出绕组（无刷）、旋转二极管（无刷）、压敏电阻（无刷）、滑块（有刷）。

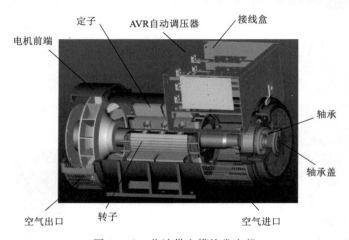

图 4 - 42　柴油供电模块发电机

　　为了配合柴油发动机，发电机也是安装在公共底座上，发电机的转子和柴油发动机的转轴在水平方向平行且同心，发电机和柴油发动机通过飞轮连接盘连接。发电机的自动电压调节器是其关键部件，自动电压调节器（AVR）是一种半波相近控制闸流管型的自动电压调节器，是交流发电机励磁系统的一部分，除了调节发电机的电压外，AVR 还具有低速和无检测信号保护的功能以保证对发电机安全可靠的控制。同时具备将励磁电源直接由发电机输出端导出的功能。AVR 电源电路使用的高效半导体保证了由剩磁获得的起励电压，AVR 与定子绕组和励磁绕组连接，对输出电压提供精度为 $\pm 1\%$ 的闭环控制。AVR 除能从主定子获得电源外，还从输出绕组取样电压以实现对输出的控制。AVR 根据获得的采样数据控制输出到励磁系统的电流，主机通过对电机负载速度和功率因数的补偿将输出电压控制在一定范围内。

4.4.4　电气系统

　　1. 电子调速器

　　电子调速器是调节发动机转速从而调节机组功率的装置，它的工作原理是，当电子调速器字模拟控制方式工作时，油机转速的变化由装在飞轮壳上与飞轮齿顶相垂直的磁性传感器监测。当油机启动后，磁性传感器输出 $300\sim600\,Hz$ 交流电压信号送入速度控制器，该电压与"速度给定"环节的标准电压 V_g 比较后的偏差电压经模拟运算放大器运算放大后输出电压 V_K，V_K 调制脉冲放器的脉冲宽度控制电磁执行器的动作幅度，改变油机供油拉杆的位置而改变供油量，从而实现油机转速的自动控制，控制原理图如图 4-43 所示。

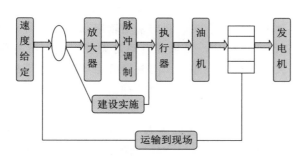

图 4-43　电子调速系统控制原理图

2. 发电机启动回路

启动回路由蓄电池组、接地开关（电源总开关）、启动电动机、启动开关（电钥匙）等组成。闭合接地开关，转动启动开关到启动位置，发电机组即可启动。当环境温度在 $-5\,℃$ 以上要求供电时，可以按"常温"启动电站。环境温度在 $-5\,℃$ 以下启动电站时，即为电站的低温启动。电站在低温条件下工作，要求使用低温机油和低温柴油。电站一般配置有低温启动装置。柴油机工作状态由机油温度传感器和油温表、缸盖温度传感器和缸温表、油压传感器和油压表以及皮带状态传感器组成的监控报警系统进行监控。电压表与万能转换开关组合实现二相电流的转换显示；电流表、三个电流互感器与万能转换开关组合实现三相电流的转换显示；频率表与万能转换开关实现频率显示。舱内辅助排风机由合、分闸按钮控制交流接触器实现其运转和停机功能，同时在控制柜面板上通过指示灯显示目前的工作状态。

4.5　柴油供电模块的选型及采购

柴油供电模块作为成套设备，是由一些独立的部件组合而成，并且这些独立部件的品质和性能对整个系统的质量有重要的影响，同时如果选型不适合也会影响到机组的使用寿命与稳定性，所以选型的正确与否直接关系到供电的稳定性和经济性。

柴油供电模块进行选型时，首先需要确定发电机组的种类，需根据发电机组的运行工况及使用环境来决定，例如：临时应急使用应选择车载式或拖车式，长久使用的应选用开架式和集装箱式等。

形式选定以后需要确定机组是常用电源还是应急电源，下面就从这两方面介绍常用机组和应急机组的功率选型。

4.5.1　功率选型的影响因素

常用指的是模块作为主电源使用，这样就需要机组长时间运行，对机组的要求就比较高，机组的稳定性要好同时还要注意机组的燃油经济性。在考虑机组功率时应充分考虑负载的性质及容量，所以选取设备总功率作为购买柴油发电机组的功率并不完全正确。例如：一台 30kW 的电机采用星三角启动，启动电流是额定电流的 4～6 倍，至少要采用120kW 的柴油发电机组才能正常启动这台电机，这样显然是不经济的，那么可以变换电动机的启动方式，则启动电流就会不同。例如采用软启动器启动时，启动电流只有额定电流的 2～3 倍；而采用变频器启动时，变频器启动是无级启动，没有启动冲击电流，就可以选择发电机组功率略大于电机功率即可。同时设备启动时是否带载也决定了启动电流的大小，要充分了解负载的情况，才能更经济地计算出所需的柴油发电机组功率，避免选型不匹配。

一般一个项目选用多台柴油发电机组作为电源使用时，应选用同样规格和型号的机组，从而实现零件的互换维修，因为机型一样，操作上也更加方便、简洁。机组容量的选用原则是机组的持续运行功率应大于负荷的稳定功率，视在功率应大于负荷最大的启动视在功率，一般负载的计算总容量应为机组标定功率的 90% 以下。影响柴油发电机组功率选择的因素包括负载类型、启动方式及启动顺序、环境影响的功率衰减等四方面。

1. 负载类型

负载可分为阻性负载、感性负载及非线性负载三类。

（1）阻性负载包括碘钨灯、白炽灯、电阻炉、烤箱、电热水器、热油汀等，如图 4-47（a）所示，无启动视在功率的影响，功率因数为 1。对总回路的电压及频率影响较小，所以供电模块的功率可以与负载功率相等，如此也能满足对功率的要求，阻性负载特性曲线如图 4-44 所示。

（2）感性负载是指带有电感参数的负载，包括电动机、日光灯、高压钠灯、汞灯、金属卤化物灯等，如图 4-47（b）所示，需要考虑启动时的视在功率，所以视在功率大于有功功率。功率因数小于 1，启动时对电压及频率的影响较大，需要相当长的时间恢复到标定值，感性负载特性曲线如图 4-45 所示。

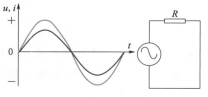

图 4-44　阻性负载特性曲线

（电压和电流相同）

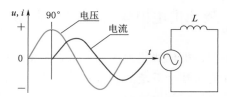

图 4-45　感性负载特性曲线

（在纯感性负载电路中，

电流滞后电压 90°）

（3）非线性负载是指内含整流设备的负载，在电子线路中，电压与电流不呈线性关系，在负载的投入、运行过程中，电压和电流的关系是经常变化的，如图 4-47（c）所示，非线性负载的特性曲线如图4-46所示。

在实际工程项目中常见的典型非线性负载有：①软启动器（可控硅电机启动器）；②开关电源、UPS、逆变元件、电池充电器；③变频控制的电机、起重机、电梯、泵等制造过程控制；④电子数据图像设备，如电视等无线电发射设备，可控灯光设备。

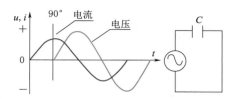

图4-46 非线性负载特性曲线
（在纯容性负载中，电流超前电压90°）

非线性负载往往对模块的电压降值有很高的要求，由于模块所送出的电源本身电压的畸变概率就比较大，而且随着模块额定输出功率的减小，其内阻增大的矛盾也会更加的突出。当负载为阻性时，这种情况不易察觉，但负载为感性时，就必须考虑这一点，适当地加大模块功率，以抵消这种影响。

（a）白炽灯　　　　　　　（b）电动机　　　　　　（c）软启动器

图4-47 负载类型图示

2. 启动方式及启动顺序

对于感性负载，启动方式有直接启动、降压启动以及软启动三种。

（1）直接启动。直接启动需要的启动电压最大，启动电流可达4~6倍，是最不推荐的启动方式。当然如果电动机功率较小，数量不多，也可直接启动。

（2）降压启动。降压启动常用的方法有星三角形启动、自耦降压启动、电抗降压启动。其中星三角形启动法的启动电流是直接启动的1/3；自耦降压启动备有抽头，可根据启动转矩的要求得到不同电压；电抗降压启动的启动电流按其端电压的比例降低，具体采用何种启动方式可根据实际情况和相关的电工手册查询得到。

（3）软启动。软启动器启动电动机时，晶闸管的输出电压逐渐增加，电动机逐渐加速，直到晶闸管全导通，电动机工作在额定电压的机械特性上，实现平滑启动，降低启动电流，避免启动过流跳闸，实际案例参照表4-11软启动参照表。

表4-11　　　　　　　　　　　　软启动参照表

应用机械类型	选用功能	执行功能	启动电流/%	启动时间/s
离心泵	标准启动	减少冲击，消除水锤	300	5~15
螺杆式压缩机	标准启动	减少冲击，延长机械寿命	300	3~20
离心式压缩机	标准启动	减少冲击，延长机械寿命	350	10~40

续表

应用机械类型	选用功能	执行功能	启动电流/%	启动时间/s
活塞式压缩机	标准启动	减少冲击，延长机械寿命	350	5～10
风机	标准启动	减少冲击，延长机械寿命	300	10～40
搅拌机	标准启动	降低启动电流	350	5～20
传送带运输机	标准＋突跳	启动平稳，减少冲击	300	3～10
磨粉机	重载启动	降低启动电流	400	5～60

除了考虑电动机铭牌上的数据，还需考虑电动机的启动顺序，一般采取从大功率电动机到小功率电动机的启动顺序。若启动顺序是随机的，那么在计算时，启动顺序应按照最不利的方式计算，即按照从最小功率电机到最大功率电机的启动顺序。

3. 功率因数及功率参数

模块的功率因数可以理解为机组将其他形式的能量转换为电能的效率，这个转换的过程势必会产生有功功率和无功功率。有功功率是真正被负载消耗的功率，这部分功率实实在在地在做功。无功功率用来建立感性负载磁场，这部分功率越小越好。视在功率是有功功率和无功功率之和，是模块发出的总功率。功率因数是有功功率与视在功率的比值，所以功率因数越大越好，功率因数越大就代表有功功率占比大，设备效率高。

模块功率以及在实际应用中参与计算的模块功率一般都需要考虑功率因数，功率因数的高低也能从侧面反映一套供电模块性能的好坏。一般情况下功率因数取0.8，那么功率为100kW的柴油供电模块的视在功率为100kW/0.8＝125kVA。

4. 柴油发动机和发电机的匹配

柴油发动机产生的机械功率单位为kW或hp（hp为柴油机的马力单位，而kW为柴油的功率单位，换算关系是1hp＝0.735kW），供电模块产生的视在功率用kVA（千伏安）来表示，供电模块的功率因数PF的计算公式是

$$PF＝kW/kVA$$

那么供电模块功率因数为0.8时，柴油发动机和发电机应按照100kVA的发电机配合80kW的柴油发动机配置。柴油发动机和发电机的配合曲线如图4-48所示。

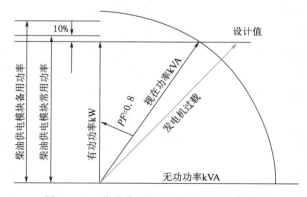

图4-48 柴油发动机和发电机匹配曲线图

下面举例说明。若一台额定功率为180kW的柴油发动机与一台209kVA的发电机组成柴油供电模块，模块的功率因数为0.93，模块的输出功率为167kW。则图4-48可以标注如图4-49所示。

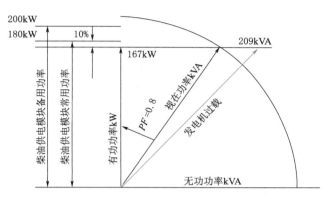

图4-49 举例中的匹配曲线

5. 环境因素及其他

供电模块的工作环境对模块功率的影响也是很明显的，主要包括使用环境的湿度、海拔、温度等。当海拔过高时空气中氧气稀薄，燃油在气缸内燃烧不充分，势必造成功率降低。所以在考虑模块功率大小时要充分考虑设备安装地点的环境，模块的功率必然大于负载的计算负载。

还应考虑供电模块连接负载系统的扩充问题及超载的问题，应预留适当的余量，以保证当系统超载或适当扩充时模块还能适用。

4.5.2 选型举例

1. 例1

在不考虑环境及其他恶劣条件的影响下，采用指定功率的方式，若选取100kW的供电模块，通过查询表4-12可知应选择G125E型。

表4-12　　　　　　　　　　　　　　供电模块常用规格表

模块型号	G25E	G40E	G65E	G95E	G125E	G150E	G270E	G370E	G500E	G630E
模块功率/kW	20	30	50	75	100	120	215	291	407	500
可驱动异步电动机的功率/kW	14	21	30	30	55	55	75	85	135	175
启动视在功率/kVA	135	194	262	262	473	473	656	743	1181	1531

2. 例2

若采用指定额定电流的方式，则需要知道额定电压及负载的功率因数。举例：现需采购额定电流为180A的供电模块，负载的额定电压为400V，功率因数为0.8。

功率＝(额定电压×额定电流×功率因数×1.73)/1000

$(400×180×0.8×1.73)/1000＝100kW$

所以机组的功率为 100kW，参照表 4 - 12 可知，应选取 G125E 型供电模块。

3. 例 3

需要启动一台额定功率为 20kW 的电动机，通过查询表 4 - 12 可知，应选择的供电模块的功率为 30kW，型号为 G40E。

4. 例 4

若供电模块所带负载为电动机，电动机的额定电压为 400V，是三相电机，额定电流为 21A，要顺利启动这一电动机需要选取的供电模块的型号应按照如下选取：

$$启动电流＝7×额定电流$$
$$7×21＝147A$$
$$视在功率＝400×147×1.732/1000＝101kVA$$

根据表 4 - 12，查询可知，选取型号为 G25E 型供电模块。

5. 例 5

负载为三相电动机，电动机额定电压为 400V，额定电流为 100A，接线方式是星三角形启动，与之匹配的供电模块：

$$启动电流＝3×额定电流，即启动电流为 300A$$

视在功率＝启动电流×额定电压×1.732/1000＝3000×400×1.732/1000＝207.8kVA

根据表 4 - 12，查询可知，选取型号为 G95E 型供电模块。

6. 例 6

一厂房内有多台设备需要模块供电，设备统计如下，传送带三相电机功率为 30kW，额定电压为 400V，星三角形启动，功率因数为 0.8；照明灯具为三相供电，电流为 20A，功率因数按照 1.0 计算；水温加热器，三相供电，额定电压为 400V，额定电流为 30A，功率因数按 1.0 计算；水泵，三相供电，额定电压为 400V，额定功率为 10kW，功率因数为 0.8，直接启动。

$$传送带电机视在功率＝3×额定电流×电压×1.732/1000＝112kVA$$
$$照明功率＝14kVA$$
$$水温加热器功率＝21kVA$$
$$水泵视在功率＝7×电流×电压×1.732/1000＝87kVA$$

若所有负载同时启动，总视在功率＝112＋14＋21＋87＝234kVA，总电流＝54＋20＋30＋18＝122A，根据表 4 - 12 查询可知，选取型号为 G95E 型供电模块。

4.5.3　柴油供电模块的采购

1. 采购依据

（1）符合相关标准。柴油供电模块作为自发电电源模块被广泛用于电信、财政金融、医院、学校、贸易等领域，同时在工矿及住宅项目中作为应急备用电源也有很大的应用空间和广阔的市场，还可用作军事与野外作业、车辆与船舶等特殊用途的独立电源。

柴油供电模块的性能和质量必须符合有关标准要求，目前国内外各个应用领域的供电模块均有较为详细的标准法规，生产厂家应能出示国内或国际认证机构的鉴定或认证证书。

作为通信用柴油发电机组，必须达到有关《往复式内燃机驱动的交流发电机组》（GB 2820—2009）中 G3 级或 G4 级规定的要求，以及《通信用柴油发电机组的进网质量认证检测实施细则》规定的 24 项性能指标要求，同时要通过我国行业主管部门所设立的通信电源设备质量监视检验中心的严格检验。

作为军事通信用柴油发电机组，必须达到有关 GB 2820—1997、GJB 相关标准和部队有关部门制定的《通讯电源设备的质量检测标准》的规定，并要通过有关组织对设备质量的严格检验。

符合标准的产品可获得国家有关部门颁发的相应证书，如原机械工业部颁发的《机械产品全国质量统一监督检验合格证书》和信息产业部指定的第三方论证——泰尔论证等。

（2）柴油发电机组的选择应考虑的主要因素。机组的选择应考虑的因素主要有机械与电气性能、机组的用途、负荷的容量与变化范围、自动化功能等。

1）机组的用途。由于柴油发电机组可用于常用、备用和应急等 3 种情况，因此不同用途对柴油发电机组的要求也有所区别。

2）负荷容量。应根据不同用途选择负荷容量和负荷的变化范围，确定柴油发电机组的单机容量和备用柴油发电机组容量。

3）机组的使用环境条件（主要指海拔和天气条件）。

4）柴油发电机。

5）发电机与励磁方式。

6）柴油发电机的自动化功能。

2. 采购标准

原国家信息产业部通信电源产品监督检验中心颁布了《通信用柴油发电机组的进网质量认证检测实施细则》，对柴油发电模块有 24 项详细的规定，在选购柴油供电模块时应遵循这 24 条规定对发电机组的各个参数进行核对，筛选出符合要求的产品。

（1）外观要求。

1）柴油发电机组的界限尺寸、安装尺寸及连接尺寸均符合规定程序批准的产品图样。

2）机组的焊接应牢固，焊缝应均匀，无焊穿、咬边、夹渣及气孔等缺陷，焊渣焊药应清除干净；漆膜应均匀，无明显裂缝和脱落；镀层应光滑、无漏镀斑点、锈蚀等现象；机组紧固件应不松动。

3）柴油发电机的电气安装应符合电路图，机组的各导线连接处应有不易脱落的明显标志。

4）柴油发电机应有良好的接地端子。

5）柴油发电机标牌内容齐全。

（2）绝缘电阻和绝缘强度。

1）绝缘电阻。各独立电气回路对地及回路间的绝缘电阻应大于 $2M\Omega$。

2）绝缘强度。机组各独立电气回路对地及回路间应能承受交流试验电压 1min，应无击穿或闪络现象。回路电压 $<100V$ 的，其试验电压是 750V；回路电压 $\geqslant100V$ 的，其回路电压是 1440V。

（3）相序要求。柴油发电机组控制屏接线端子的相序从控制屏正面看应自左到右或自上到下排序。

（4）柴油发电机维持预备运行状态要求。机组应具有加热装置，保证其应急启动和快速加载时的机油温度、冷却介质温度不低于 15℃。

（5）自动启动供电和自动停机的可靠性检查。

1）接自控或遥控的启动指令后，柴油发电机组应能自动启动。

2）机组自动启动后第 3 次失败时，应发出启动失败信号；设有备用机组时，程序启动系统应能自动地将启动指令传递给另一台备用机组。

3）从自动启动指令发出至向负载供电的时间应不超过 3min。

4）柴油发电机自动启动成功后，首次加载量应不低于 50％标定负载。

5）接自控或遥控的停机指令后，机组应能自动停机，对于与市电电网并用的备用机组，当电网恢复正常后，柴油发电机应能自动切换或自动停机，其停机方式和停机延迟时间应符合产品技术条件规定。

（6）自动启动成功率。自动启动成功率不小于 99％。

（7）空载电压整定范围要求。机组的空载电压整定范围不小于（95％～105％）额定电压。

（8）自动补给功能要求。机组应能自动向启动电池充电。

（9）自动保护功能要求。机组应有缺相、短路（不大于 250kW 的机组）、过电流（大于 250kW 的机组）、转速和水温（缸温）过高、油压过低的保护装置。

（10）线电压波形正弦畸变率。在空载额定电压、额定频率下，线电压波形正弦畸变率＜5％。

（11）电压稳态调整率为±3％（≤250kW）；±2％（＞250kW）。

（12）电压瞬态调整率为±20％（≤250kW）；±15％（＞250kW）。

（13）电压稳定时间　≤2s（≤250kW）；≤1.5s（＞250kW）。

（14）电压波动率　≤0.8％（≤250kW）；≤0.5％（＞250kW）。

（15）频率稳态调整率　≤3％。

（16）频率瞬态调整率　≤9％。

（17）频率稳定时间　≤5s。

（18）频率波动率　≤0.8％（≤250kW）；≤0.5％（＞250kW）。

（19）三相不对称负载下的电压偏差。柴油发电机组在 25％的三相对称负载下，在任一相再加 25％标定相功率的电阻性负载，机组应能正常工作，线电压的最大或最小值与三相线电压的平均值之差应不超过三相线电压平均值的 5％。

（20）噪声。在距机组柴油机和发电机 1m 处的噪声声压均匀值：≤250kW，≤102dB（A）；＞250kW，≤108dB（A）。

关于噪声的相关标准如下：

睡眠＜45dB；居民区的环境噪声，白天不能超过 50dB；夜间应低于 45（40）dB；工作＜65dB，一般的人在 40dB 左右的声音下可以保持正常的反应和注意力，但在 50dB 以上的环境中工作时间长了就会出现听力下降、情绪烦躁，甚至会出现神经衰弱等现象。

听音乐＜80dB；儿童 80dB 以上噪声环境中生活，造成聋哑者可达 50％，噪声级只有在 80dB 以下时,才能保持 40 年长期工作不致耳聋;在 100dB 时,只有 60％的人不会耳聋。假如人长期生活在 80dB 以上的环境里,会引起情绪烦躁、听力下降。噪声对人的中枢神经有损害作用,并且能诱发心血管系统疾病,在强烈的噪声环境中进食,胃肠的毛细血管会发生收缩,消化液的分泌和胃肠的蠕动会减弱,使正常的供血受到破坏。强烈的噪声还会造成妊娠异常、儿童智力发育障碍。所以在日常生活中要尽量减少噪声的来源和传播。

1)85dB 以下可造成稍微听力损伤。

2)85～90dB 可造成少数人噪声性耳聋。

3)90～100dB 可造成一定数目的噪声性耳聋。

4)100dB 以上,就会造成相当数目的噪声性耳聋,以上这些属于慢性噪声性耳聋。

5)105dB 以上,5min 精神分裂。

(21)燃油消耗率。机组额定功率在 120kW<P≤600kW 范围内,燃油消耗率≤260g/(kW·h)。

(22)机油消耗率。机组额定功率 P>40kW,全损耗系统用油(机油)消耗率≤3.0g/kWh。

(23)在额定工况下的运行试验,机组在规定的工作条件下(GB 2820 中的 4.2 节),机组能以额定工况正常连续运行 12h(其中包括过载 10％运行 1h),且柴油发电机组应无漏油、漏水和漏气现象。

(24)遥控、遥信和遥测性能。

1)智能型机组。200kW 以上的机组应为智能型,其监控内容和接口要求如下:

a. 遥控。开/关机、紧急停车、切换主备用机组。

b. 遥信。工作状态(运行/停机)、工作方式(自动/手动)、主要收集机组的过压信号、欠压信号、过流信号、频率信号等。

c. 遥测。三相输出电压、三相输出动电池电压、输出功率。

d. 接口。应具有通信接口(RS232 和 RS485/422)并能提供完整的通信协议。

2)非智能型机组。200kW 及以下的非智能型机组无遥控、遥信和遥测要求。

3. 综合考量

在进行柴油发电机组采购时,综合相关标准和依据,结合实际使用情况和项目特点采购适合的柴油发电机组。

(1)考虑是作为备用电源还是常用电源。备用柴油发电机组是指市电基本正常,只有偶尔停电时做临时发电使用,使用频率不高、使用时间短、机械损耗低、故障低。在这种工况下一般国产柴油机配置的机组就能完全满足使用。油耗、噪声、故障率、大修时间等指标不需要考虑太多;常用柴油发电机组是指在无市电情况下使用柴油发电机组作为主用电源,使用时间长、机械损耗高、故障高。这种情况下建议最低配置应为合资品牌柴油机,国产柴油机很难满足要求。

(2)常用机组综合工况下的油耗。常用柴油发电机组另一项需要重视的指标是油耗。国产柴油机在综合工况下的满载油耗一般是 210～240g/(kW·h)。合资品牌柴油机在综合工况下的满载油耗一般为 200～220g/(kW·h),而纯进口品牌柴油机在综合工况下的满载油耗一般为 190～210g/(kW·h)，对比上面各项参数可知每发电 1kW·h，国产和进口的相差 10～20g 柴油。以 500kW 柴油发电机组为例，以每天运行 10h，每月运行 20 天计算，国产柴油机配置的发电机组每年油耗量为 210g/(kW·h)×500kW×10h×20 天×12 月＝252t，进口品牌柴油机配置的发电机组每年油耗量为 190g/(kW·h)×500kW×10h×20 天×12 月＝228t，相差 24t，以柴油 8000 元/t 计算，每年柴油可节约 19.2 万元。所以在选购常用发电机组时的综合油耗是非常重要的因素。

（3）机组噪声。柴油发电机组噪声国标为空旷处 7m 低于 102dB 合格。实际上 102dB 已经让人感觉到不适，即使经过普通机房隔离，仍能达到 90dB 以上。根据相关规定，夜间噪声应低于 55dB，实际在 40dB 左右才不会影响人们的正常休息，显然 90dB 仍然不能满足日常使用的要求。将机房设置在距离项目较远的位置可以降噪，但输电电缆的成本会上升很多，显然是不经济的。另一种方式是机组降噪，在机组外面加装静音箱体，箱体内壁贴吸音棉，在机组排气管处加装消音器等措施能够很好地降低机组噪声。通过多种措施综合作用，机组可以满足日常的使用。

（4）恶劣工况的影响。高温、高寒、高湿对于发电机组都有很大的影响，当机组出于这些工况下运行时，必须采取特殊的防护措施以保证机组的正常运行。具体措施如下：

1）高温环境使用必须加强降温措施，如开放式水池降温、强制通风、制冷降温等。

2）高寒环境必须有冷启动保证，需要用到高寒地区专用发电机组，这样的机组可保证在－17℃无辅助冷启动，加装预热装置后可保证在－50℃正常启动。

3）高湿环境使用必须有防湿防锈措施，油漆采用三层防锈底漆，两层防水面漆，发电机采用专用防滴发电机。

第 5 章

工程营地供电模块设计案例

本章通过实际项目案例展示发电机组的选型过程，有助于读者对前面章节的理解，同时对实际工作有一定的指导作用。

5.1 案例一——某金矿项目临时营地

5.1.1 项目概况

黄金矿区在委内瑞拉埃尔卡亚俄地区，埃尔卡亚俄市是委内瑞拉的一个市，位于该国西部玻利瓦尔州，首府设于埃尔卡亚俄，面积 2223km²，2011 年人口 21165 人，人口密度为 9.5 人/km²。营地建在距离矿区作业区 1.2km 左右，该地区平均气温及降水量见表 5-1。营地本着实用、安全、美观、经济及舒适、满足消防要求的建设原则，进行临时营地建设。

表 5-1　　　　　　　　　　　　埃尔卡亚俄年平均温度

月份	1	2	3	4	5	6	7	8	9	10	11	12
平均温度/℃	25.4	25.6	26.5	26.9	27.1	26.4	26.2	26.5	27	27.2	26.8	25.8
最低温度/℃	20.9	20.6	21.5	21.9	22.4	21.9	21.5	21.5	21.6	21.8	21.7	21.1
最高温度/℃	30	30.7	31.6	32	31.8	30.9	30.9	31.6	32.4	32.6	31.9	30.6
降水量/mm	67	48	36	65	130	169	164	131	87	83	74	95

临时营地须有 10 年以上的使用寿命，满足 120 人的居住生活、60 人办公的基本需求，中间场地部分可作为篮球场及公共活动区域。临时营地全部采用集装箱板房，根据需求设置办公室、会议室、居住房间、厨房餐厅、仓库、公共卫生间、洗衣房、活动室等。根据现场情况，确定营区围墙、大门、门卫、停车位、健身设施及安防设施等。

5.1.2 建筑方案

营地采用箱式房房屋产品，标准功能模块（2990mm×6055mm）112 个，走廊箱（1920mm×6055mm）6 个，共三层，U 形布局，图 5-1 为建筑方案效果图。由于房体产品在外观上差别不大，为了减少工作量，此处仅展示二层的效果图，第三层和第二层效果一样，不再展示。

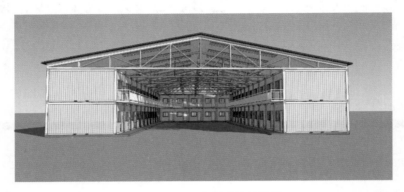

图 5-1　U 形营地建筑效果图

1. 一层布局

一层为办公食堂区域，其中：高层领导办公室共 2 间；中层领导办公室 1 间；财务室1 间；员工办公室共 15 间；门卫室 1 间；男卫、女卫各 1 间；大餐厅 1 间；小餐厅 1 间；厨房 1 间；冷冻箱 1 间，楼梯间 2 间，走廊箱 2 间（图 5-2）。

2. 二层布局

二层为会议室、生活娱乐、资料室及住宿区域，其中：资料室 3 间；活动室 1 间；大会议室 1 间；小会议室 2 间；淋浴房 1 间；男厕 1 间；洗衣房 1 间；二人间住宿 7 间；四人间住宿 12 间；楼梯间 2 间，走廊箱 2 间（图 5-3）。

3. 三层布局

三层为住宿区域，其中：领导套间 2 间；单人间住宿 4 间；二人间住宿 24 间；淋浴房 1 间；男厕 1 间；洗衣房 1 间；楼梯间 2 间，走廊箱 2 间（图 5-4）。

5.1.3 电气方案

1. 编制依据

《施工现场临时用电安全技术规范》（JGJ 46—2005）

《民用建筑电气设计规范》（JGJ 16—2008）

《办公建筑设计规范》（JGJ 67—2006）

《住宅建筑电气设计规范》（JGJ 242—2011）

《建筑照明设计标准》（GB 50034—2013）

《建筑物防雷设计规范》（GB 50057—2010）

《建筑电气常用数据》（04DX101—1）

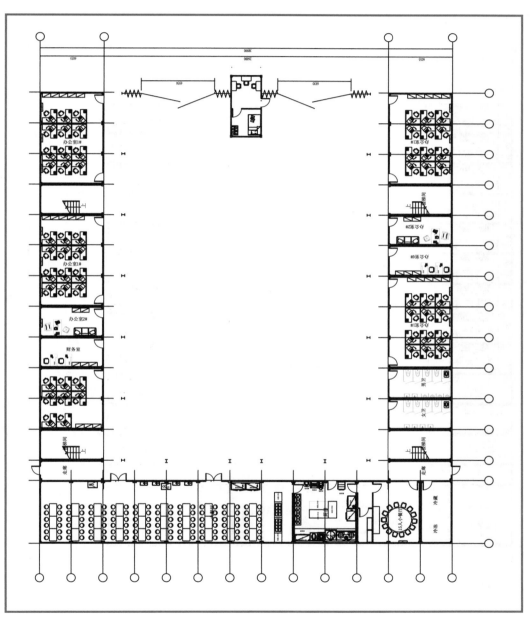

图 5 - 2　一层建筑图

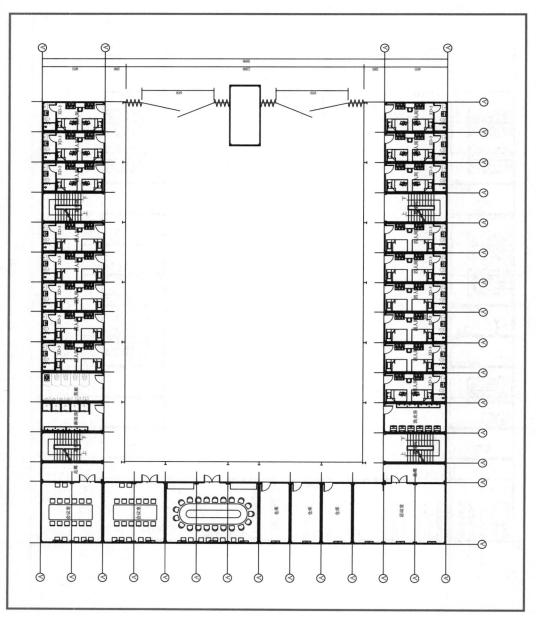

图 5 - 3　二层建筑图

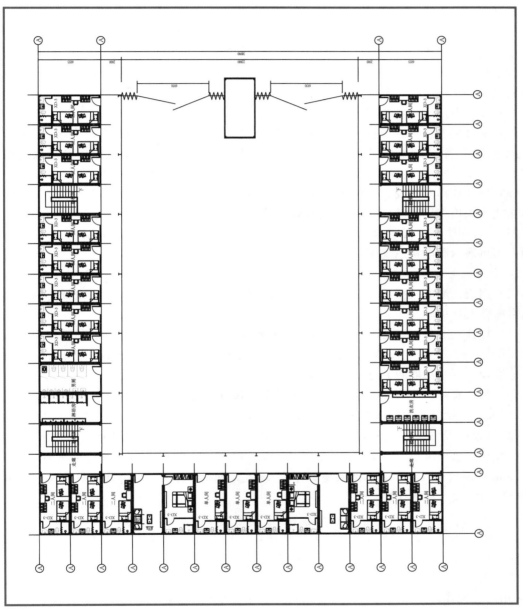

图 5 - 4 三层建筑图

《有线电视系统工程技术规范》（GB 50200—1994）

《视频安防监控系统工程设计规范》（GB 50395—2007）

其他有关国家及地方的现行规程、规范及标准。

建设单位提供的设计要求等。

2. 室外强电

（1）负荷分类。除应急照明、疏散指示照明为二级负荷外，其余为三级负荷。

（2）营地总电源。本项目采用市政电源为主供电电源，柴油发电机组作为备用电源。柴油发电机组设计容量可保证整个营地正常运行，市政电源和发电机组互相配合保证营地不间断供电。

（3）设计电压。三相 450V，单相 110V，频率 60Hz。

（4）室外配电箱。U 形营地单层均分为三段供电，由 3 个室外分配电箱供电，合计 9 个分配电箱，9 个分配电均引自一个总配电箱，总箱上口和备用发电机组以及市政电网连接。

（5）导线选择及敷设。室外配电箱间采用 YJV22 电缆连接，地埋敷设。室外分配电箱与箱式房采用 YJV 电缆连接，电缆桥架敷设。

图 5-5～图 5-7 是营地一至三层室外强电电气图，图 5-8 是局部节点图。由于篇幅限制，不再展示配电箱系统图。

3. 室内强电

（1）照明、配电。照明、插座均由不同的支路供电；除空调插座外，其余插座回路均设漏电断路器保护。

（2）灯具。卫生间、走廊、洗衣间均采用吸顶灯；宿舍、食堂、厨房、活动室均采用单管支架灯；办公室、会议室采用双管支架灯，光源采用 LED 为光源的 T8 灯管。依照照度标准设计每个功能间的灯具数量。

（3）设备安装。户内配电箱距地 1.8m 明装；除注明外，开关、插座分别距地 1.3m、0.3m 明装，空调热水器插座距地 1.8m 以上。

（4）插座、开关。普通插座采用 10A 五孔插座，空调、热水器采用 16A 三孔插座。

（5）导线选择及敷设。室内导线：照明 BVVB-3×1.5mm² 铜线；普通插座 BVVB-3×2.5mm² 铜线；空调、热水器插座 BVVB-3×4.0mm² 铜线。在吊顶内明敷设，在角装饰件内与开关、插座连接。

4. 室内弱电

（1）弱电插座。办公室采用双口弱电插座，一位电话一位网络，每个工位均设置一套，保证日常办公需求。宿舍采用单口网络插座，满足上网需求。

（2）线缆。插座采用超五类网线连接，节省成本的同时保证高速的网络速度。无线 AP 采用六类网线，保障大容量访问的需求。电话采用网线连接，综合布线节省成本。

（3）箱柜。弱电机柜设置在走廊间，带锁柜门保证安全。机柜内设置网络交换机及电话交换机，光纤入柜保证网络的畅通。

（4）无线网络。营地每层设置 5 个企业级无线 AP，3 个作为内部无线网络，2 个作为公共无线网络。内部与公用严格分开，避免互相干扰。

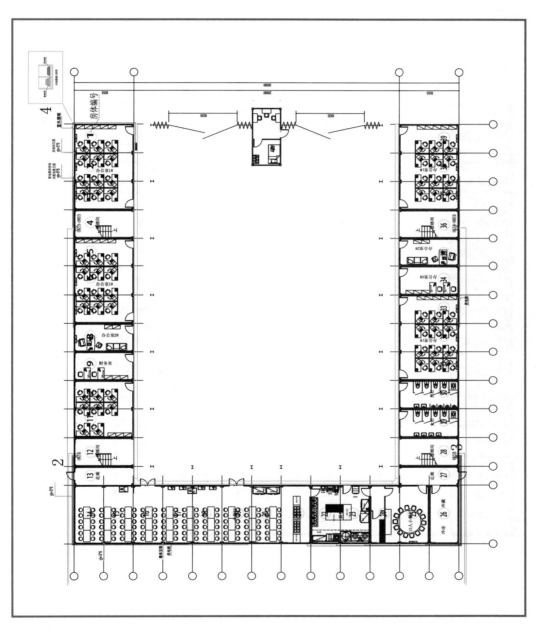

图 5 - 5　一层室外强电电气图

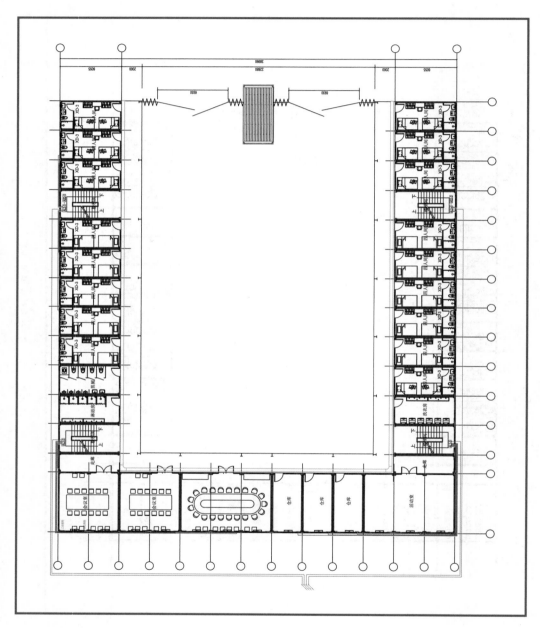

图 5 - 6　二层室外强电电气图

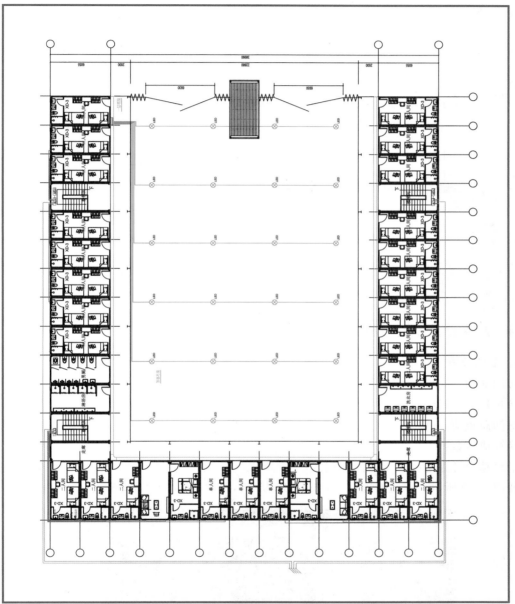

图 5 - 7　三层室外强电电气图

（a）总电源及总配电箱 （b）分配电箱

（c）分配电箱 （d）室外线槽图

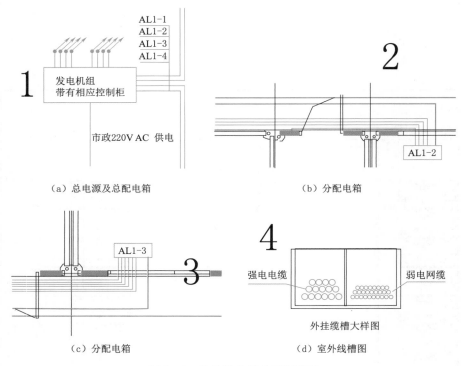

图 5-8 室外强电图局部细节图

5.1.4 功率计算及发电机组

1. 空调功率

房间面积：5.845m×2.78m＝16.2491m^2。

冷量负荷：170W/m^2。

房间总负荷：16.2491×170＝2762.347＝2.7kW。

换算成匹数：2.7÷2.5＝1.08hp。

最终综合考虑选择大 1 匹的空调。

如图 5-9 所示，单机制冷功率稳定值为 750W，现按照 1000W 计算。

型号	KFR-26GW/WDAA3@		
额定制冷量(W)	2600	制冷功率（W）	750(90-1500)
额定制热量(W)	3700	制热功率（W）	1160(90-1500)+1050
能效比APF	3.70	能效等级	3级
室内机噪音(低-高-超高)dB(A)	18-35-40	循环风量(m^3/h)	600
室内机尺寸(mm)	820×275×205	室外机尺寸(mm)	785×555×300

图 5-9 空调功率参数图

2. 营地各类功能间功率计算

（1）办公室。房型功率为

$$300W×8 个（110V 插座）+36W×2 个（灯具）+1000W（空调）$$
$$+500W（220V 插座）=3972W$$

功率按照 3.2kW 计算，共有 18 间，合计 3.2×18＝57.6kW。

（2）仓库。房型功率为

$$18W×2＋300W×2＝636W$$

此房型合计 2 间，合计 0.56×2 间＝1.12kW。

（3）二人间、四人间、单人间宿舍。房型功率为

$$300W×7 个（110V 插座）+36W×1 个（灯具）+18W×1 个（灯具）$$
$$+1000W（空调）+500W×2（220V 插座）＝4154W$$

功率按照 3.2kW 计算，共有 51 间，合计 3.36×51＝171.36kW。

（4）单人间办公室。房型功率为

$$300W×5 个（110V 插座）+36W×2 个（灯具）+1000W（空调）$$
$$+500W（220V 插座）＝3072W$$

功率按照 2.4kW 计算，共有 8 间，合计 2.4×8＝19.2kW。

（5）楼梯间。房型功率为

$$18W×3 个（灯具）＝54W$$

共有此模块 6 个，合计 54×6＝324W（约合 0.48kW）。

（6）会议室 1。房型功率为

$$300W×4 个（110V 插座）+36W×4 个（灯具）+1600W（空调）$$
$$+500W×2 个（220V 插座）＝3944W$$

功率按照 3.16kW 计算，共有 2 间，合计 3.16×2＝6.32kW。

（7）会议室 2。房型功率为

$$300W×6 个（110V 插座）+36W×6 个（灯具）+2000W（空调）$$
$$+500W×3 个（220V 插座）＝5516W$$

共 1 间，合计 4.42kW。

（8）卫生间、淋浴间。房型功率为

$$300W×1 个（110V 插座）+18W×2 个（灯具）＝336W$$

类似功能间共有 6 间，336×6＝2016W，合计 1.68kW。

（9）公共洗衣间。房型功率为

$$1700W×6 个（110V 插座）+18W×2 个（灯具）＝10236W$$

类似功能间共有 2 间，合计 7.17×2＝14.34kW。

（10）活动室。房型功率为

$$300W×4 个（110V 插座）+36W×4 个（灯具）+2000W（空调）$$
$$+500W×2 个（220V 插座）＝4344W$$

共 1 间，合计 3.48kW。

（11）小餐厅。房型功率为

300W×2 个（110V 插座）＋36W×1 个（灯具）＋1000W（空调）

＋500W×1 个（220V 插座）＝2136W

共 1 间，合计 1.71kW。

（12）大餐厅。房型功率为

300W×4 个（110V 插座）＋36W×2 个（灯具）＋1000W（空调）＝ 2272W

共 3 间，合计 1.82×3＝5.46kW。

总计为

57.6＋1.12＋171.36＋19.2＋0.48＋6.32＋4.42＋1.68＋14.34＋3.48＋1.71＋5.46
＝287.17kW

计算功率为 287.17kW。

3. 供电模块选型

由于项目所在地年平均温度不高，光照不是十分充足，选用光伏供电模块难以满足项目需求。当地风能质量也不能满足项目的需求。项目所在地为矿区，必然有大量的大型工程机械，工程机械一般采用柴油作为燃油，取得柴油相对来说比较方便，且为了满足项目大批量用油的需求，附近必然会有油库，这些都是选用柴油供电模块有利的外部条件。

考虑到项目当地无稳定的市政电供应，柴油供电模块作为常用电源使用，且项目地在国外，发电机组选用合资品牌，合资品牌的国外维修网点多，出现故障能够较快地得到解决。再根据附录 1，选用机组型号 C400，主功率 360kW，备用功率 400kW，柴油发动机型号 KTA19 - G3，品牌重庆康明斯。

5.2　案例二——某绿地配套服务设施项目

5.2.1　概况

建设地点：雄安新区市民中心服务中心西侧绿地区域北面道路东侧。

气候条件：雄安新区地处中纬度地带，属温带大陆性季风气候，四季分明，春旱多风，夏热多雨，秋凉气爽，冬寒少雪。年均气温 11.7℃，最高月（7 月）平均气温 26℃，最低月（1 月）平均气温－4.9℃；年日照 2685 小时，年平均降雨量 551.5mm，6—9 月占 80%，全年无霜期 191 天。

建筑使用性质：配套服务设施。

建筑主要功能及建筑布局：该建筑为简餐厅，主要包括操作间、餐厅、吧台、二层雅间和室外平台。

设计使用年限：20 年。

抗震设防烈度：7 度。

抗震设防类别：标准设防。

建筑耐火等级：不低于二级。

建筑防水等级：屋面Ⅰ级防水。

建筑层数与主要功能：地上一层。

建筑高度（建筑物室外地面至其屋面面层）：6.45m。

总用地面积21033.61m²，总建筑面积883.93m²，建筑基地总面积761.76m²。其中：简餐总建筑面积为228.00m²，基地面积为163.84m²。

5.2.2 建筑方案

1. 设计原则

该项目以"低能耗，装配式，可移动模块化"为设计理念，采用节能技术，降低能耗。该建筑在城市绿化的掩映下布置，合理规划建筑与城市绿化的关系，达到人与自然环境的和谐，实现自然环境、社会效益和经济效益的完美结合。在满足建筑采光和防火间距的条件下合理布置建筑单体。

2. 建筑方案

建筑整体为两层建筑，一层为简餐区，厨房操作间及主出入口位于本层，入口处设置阳光棚，周围铺满绿植，一般性用餐均在本层，建筑平面图如图5-10所示，本层建筑面积163.84m²。

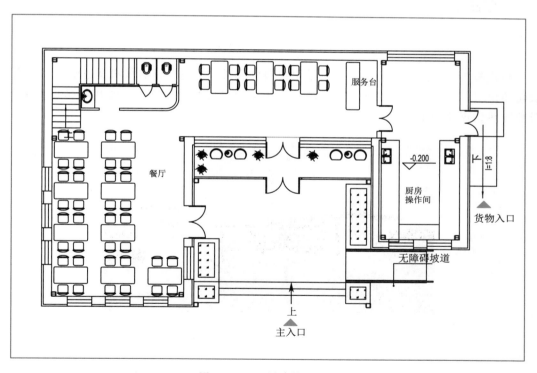

图5-10 一层建筑平面图

二层为VIP就餐区及商务洽谈区，本层外观采用全玻璃设计，视野开阔。一般区域为露台区域，露台上摆设桌椅，满足室外就餐的需求，建筑平面图如图5-11所示，本层建筑面积64.16m²。

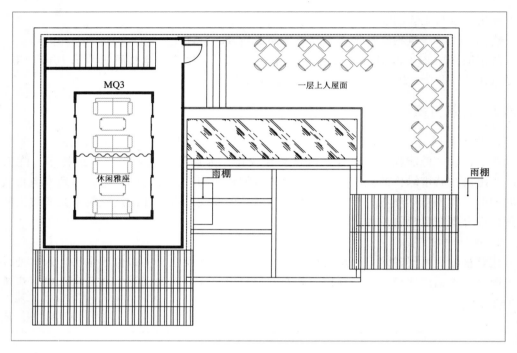

图 5-11 二层建筑平面图

建筑整体风格为现代简约，主要采用灰白色涂料、金属质感的材料及玻璃等，采用模块化的建筑单元，建筑模块在工厂预制，现场采用焊接及螺栓连接，采用特殊设计节点，避免冷热桥现象的出现。建筑效果如图 5-12 所示。

图 5-12 建筑效果图

5.2.3 电气方案

1. 编制依据

《民用建筑电气设计规范》（JGJ 16—2008）

《供配电系统设计规范》（GB 50052—2009）

《低压配电设计规范》（GB 50054—2011）

《电力工程电缆设计规范》（GB 50217—2007）

《建筑照明设计标准》（GB 50034—2013）

《建筑物防雷设计规范》（GB 50057—2010）

《建筑物电子信息系统防雷技术规范》（GB 50343—2012）

《建筑设计防火规范》（GB 50016—2014）

2. 设计范围

本工程设计包括的电气系统有：①220V/380V 配电系统；②照明系统；③建筑物接地系统及安全措施。

3. 低压配电系统

（1）负荷分类。本项目为三级负荷。

（2）供电电源。本工程拟从前端引来一路 220V/380V 电源，并自备柴油发电机组作为备用电源，入户处做重复接地。

（3）计费。本工程在总配电箱处设计量表。

（4）供电方式。本工程采用放射式与树干式相结合的供电方式。

（5）照明配电。照明、插座均由不同的支路供电；所有插座回路均设漏电断路器保护。

4. 照明系统

（1）照明标准。本工程照明设有一般照明（在所有场所）和局部照明（在特殊装修场所），在一般照明中设有正常照明和应急照明（包括备用照明、疏散照明及指示标志）。

本设计按照现行规范中的要求执行，主要场所的照度标准、功率密度值具体如下：厨房 500lx（≤15W/m²）；餐厅 200lx（≤6.0W/m²）。

（2）应急照明：①灯具末端自带蓄电池；②在安全出口处设置安全出口标志灯；③应急照明均采用末端自带蓄电池灯具。

（3）光源。室内照明采用节能型 LED 灯，光源显色指数≥80，色温 4000K，灯具效能不低于 70lm/W，有装修要求的场所按装修要求商定。选用同类光源的色容差不应大于 5SDCM。

（4）灯具。

1）普通场所选用国产灯具，装饰用灯具与装修设计协商确定，但均选用高效节能型，功率因数大于 0.95，并根据各场所的特点选用普通型和防水防尘型。

2）应急照明灯和灯光疏散指示标志选用带玻璃或其他不燃烧材料制作的保护罩型。疏散指示灯选用自带蓄电池型，初装时持续供电时间不小于 180min。

3）灯具均选用带接地端子的Ⅰ类灯具，使其能可靠接地。

（5）照明控制采用就地控制。

1）按建筑使用条件和天然采光状况采取分区、分组控制措施。

2）除设置单个灯具的房间外，每个房间照明控制开关不宜少于 2 个。

5. 设备选择及安装

（1）照明开关、插座均为暗装，除注明者外，均为 250V，10A，应急照明开关应带电源指示灯。除注明者外，插座均为单相两孔＋三孔安全型插座，底边距地 0.3m。开关底边距地 1.3m，距门框 0.2m。

（2）出口标志灯在门上方安装时底边距门框 0.1m；若门上无法安装时在门旁墙上安装，顶距顶 50mm；出口标志灯明装。

6. 电缆、导线的选型及敷设

低压普通设备供电回路干线及分支干线选用 YJV-0.6/1kV 阻燃铜芯电力电缆，其导体工作温度为 90℃；支线选用 ZR-BV-0.45/0.75 阻燃型绝缘导线。

7. 接地及电气安全

（1）本工程未达到三类防雷要求。

（2）接地及安全。

1）本工程电气设备的保护接地，机房等的工作接地、安全接地，电子设备接地等共用统一接地极，要求接地电阻不大于 1Ω。实测不满足要求时，增设人工接地极。

2）凡正常不带电，而当绝缘破坏有可能呈现电压的一切电气设备金属外壳均应可靠接地。

3）过电压保护：在进户处装一级电涌保护器（SPD）。

8. 供电方案

在建筑右上侧（以建筑平面图为准）设置总配电箱，室内插座、照明均从本配电箱取电，临近配电箱设置弱电箱及消防箱，弱电箱及消防箱均从强电箱取电，强电箱内设置备自投开关，主电源为引来的市政电源，备用电源采用柴油供电模块。柴油供电模块作为备用电源，不会经常使用，故不需距离建筑物太远。建筑整体用电量不大，因此将油箱及相关的控制箱柜全部集成在供电模块内。摆放位置如图 5-13 所示。

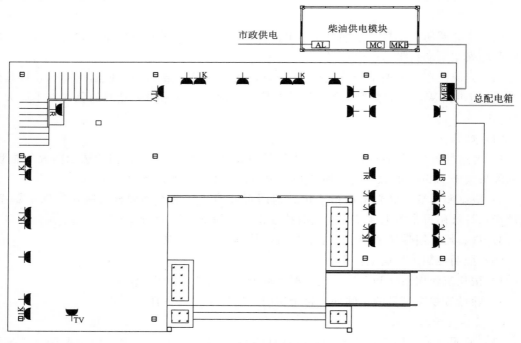

图 5-13　电源示意图

5.2.4 功率计算及发电机组

1. 功率计算

共设置 5 路照明回路，其中包括室内及室外照明，采用 BV-1.5 平方导线供电；10 路插座回路，插座主要分布在操作间内，采用 BV-2.5 平方导线供电；5 路空调回路，采用 BV-4.0 平方导线供电。总配电箱电气系统图如图 5-14 所示，在功率因数取 0.9、系数取 0.9 的情况下，整个建筑的计算功率为 30kW。

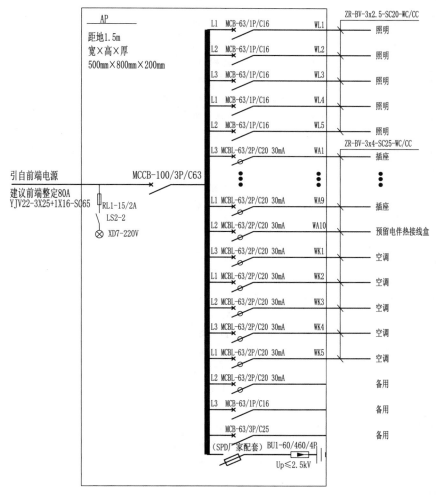

图 5-14　总配电箱电气系统图

2. 供电模块选型

项目位于国内，且作为备用电源使用，所以选用国产品牌的柴油机组性价比较高，维修也比较方便。整个建筑的计算功率为 30kW，主、备用功率为 75kW/82kW，柴油发动机功率为 90kW/100kW。

附　　录

附录1　供电模块选型表

序号	机组技术参数		柴油发动机参数				营地参数	
	型号	主/备用功率/kW	柴油机型号	发动机品牌	发动机功率/kW	缸数	适用营地规模	箱式房模数
1	C88	80/88	6BT5.9-G2	东风康明斯	86/92	6	55～83人	≤28
	V88	80/88	TAD551GE	沃尔沃	101	4		
	P90	80/90	1104C-11TAG2	帕金斯	80/103	4		
	Y88	80/88	YC6B135Z-D20	广西玉柴	90/99	6		
	W75	75/82	WP4D100E200	山东潍柴	90/100	4		
2	C220	200/220	NTA-855-G1	重庆康明斯	240/265	6	140～210人	≤70
	V220	200/220	TAD754GE	沃尔沃	220	6		
	P220	200/220	1506A-E88TAG3	帕金斯	200/239	6		
	Y220	200/220	YC6MK350L-D20	广西玉柴	235/258.5	6		
	W200	200/220	WP10D264E200	山东潍柴	240/264	6		
3	C330	300/330	QSNT-G3	重庆康明斯	358/392	6	210～310人	≤104
	V330	300/330	TAD1354GE	沃尔沃	350	6		
	P360	320/360	2206C-E13TAG3	帕金斯	320/349	6		
	Y360	330/360	YC6T550L-D21	广西玉柴	368/405	6		
	W300	300/330	WP13D385E200	山东潍柴	350/385	6		
4	C400	360/400	KTA19-G3	重庆康明斯	403/448	6	250～375人	≤125
	M400	360/400	10V1600G10F	MTU	407	10		
	Y400	360/400	YC6T600L-D22	广西玉柴	401/441	6		
	W360	360/400	6M26D447E200	山东潍柴	406/447	6		
5	C450	400/450	KTA19-G4	重庆康明斯	448/504	6	280～420人	≤140
	M440	400/440	10V1600G20F	MTU	440	10		
	V440	400/440	TAD1651GE	沃尔沃	513	6		
	P440	400/440	2506C-E15TAG2	帕金斯	400/435	6		
	Y440	400/440	YC6T660L-D20	广西玉柴	441/485	6		
	W400	400/440	6M26D484E200	山东潍柴	440/484	6		
6	C570	520/570	QSK19-G4	重庆康明斯	574/634	6	360～540人	≤180
	M570	520/570	12V2000G25	MTU	635	12		
	V550	500/550	TWD1653GE	沃尔沃	573	6		
	SL600	540/600	S6R2-PTA	三菱	595/655	6		
	P572	520/572	2806A-E18TAG2	帕金斯	520/565	6		
	Y550	500/550	YC6TD840L-D20	广西玉柴	560/616	6		
	W500	500/550	6M33D605E200	山东潍柴	550/605	6		

续表

序号	机组技术参数		柴油发动机参数				营地参数	
	型号	主/备用功率 /kW	柴油机型号	发动机品牌	发动机功率 /kW	缸数	适用营地规模	箱式房模数
7	C710	640/710	KTA38 - G2B	重庆康明斯	711/790	12	445～667 人	≤222
	M700	640/700	12V2000G65	MTU	765	12		
	SL704	640/704	S12A2 - PTA	三菱	679/746	12		
	P700	640/704	4006 - 23TAG3A	帕金斯	640/705	6		
	Y700	640/700	YC6C1070L - D20	广西玉柴	715/787	6		
	W640	640/700	12M26D792E200	山东潍柴	720/792	12		
8	C880	800/880	KTA38 - G5	重庆康明斯	881/970	12	556～834 人	≤278
	M880	800/880	16V2000G65	MTU	975	16		
	SL935	850/935	S12H - PTA	三菱	930/1020	12		
	P880	800/880	4008TAG2A	帕金斯	818/899	8		
	W800	800/880	12M26D968E200	山东潍柴	880/968	12		
9	C1100	1000/1100	KTA50 - G3	重庆康明斯	1097/1227	16	695～1043 人	≤347
	M1100	1000/1100	18V2000G26F	MTU	1212	18		
	SL1100	1000/1100	S12R - PTA	三菱	1110/1220	12		
	P1100	1000/1100	4012 - 46TWG2A	帕金斯	1000/1113	12		
	W1000	1000/1100	12M33D1210E200	山东潍柴	1100/1210	12		
10	M1650	1500/1650	12V4000G63	MTU	1750	12	1043～1565 人	≤521
	SL1650	1500/1650	S16R - PTA2	三菱	1630/1790	16		
	P1600	1480/1600	4016TAG1A	帕金斯	1480/1588	16		
11	SL2000	1800/2000	S16R2 - PTAW	三菱	1960/2167	16	1252～1878 人	≤626
12	M2500	2200/2500	20V4000G63	MTU	2670	20	1530～2295 人	≤765

注：1. 以上参数适用于 400V/230V、50Hz、柴油发动机转数 1500r/min，功率因数 0.8，三相四线供电。

2. 以上模块均按照箱式房模块计算，所有模块功率均相同，单模块功率按照 2.3kW 计算（实际项目中必然有功率小的模块，所以实际项目模块数有可能大于上表所提供的极限模块数）。

3. 单模块按照住 2～3 个人计算。

4. 模块功率按照主功率考虑，不考虑临时备用功率。

附录2 柴油供电模块供货清单样例

序号	产品名称	型号规格	生产厂商	单位	数量
1	柴油机	QSNT—G3	Cummins	台	1
2	发电机	MW350P	麦格特	台	1
3	控制系统	DSE7320	英国深海	套	1
4	蓄电池浮充	24V	—	个	1
5	散热器	QSNT—G3原装	—	个	1
6	机油	CF—4 15W—40	—		加入机组
7	防冻液	—25℃	—		加入机组
8	工业消音器		—	件	1
9	连接法兰		—	件	1
10	干式灭火器		—	件	1
11	波纹管		—	件	1
12	备品配件	三滤及工具箱	Cummins	件	1
13	免维护蓄电池	150Ah	—	个/根	2/3
14	日用油箱/油管	500L/树脂耐油管	—	套/根	1/2
15	全套资料包		—	套	1
16	出厂检测报告		—	件	1

附录 3　柴油供电模块操作手册

附 3.1　总体说明

机型：KV358E 柴油发电机组（附图 3 - 1）

配置：标准型

注：不同型号机组主体构造可能会有轻微的变动，请参阅后面章节及其他相关资料的详细说明。

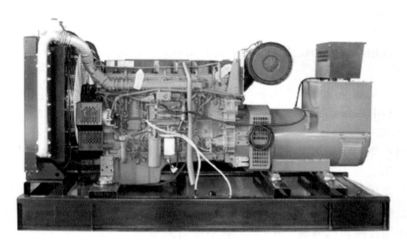

附图 3 - 1　柴油发电机组

每一台柴油发电机组都有一个铭牌，粘贴在主交流发电机的外壳上。铭牌上的资料用于鉴别该机组的型号、编号及其简单技术特性，如额定转速、额定电压、额定电流、额定功率、额定功率因数及机组的标准测试条件如环境温度和海拔等。为了向用户提供更详细的参考，一些资料还会重复在随本手册附送的技术数据表内。

注：柴油发电机组编号是独一无二的，当需要购买备件及进行机组的维修保养服务时必须准确无误地提供上述机组编号。

1. 柴油发动机

柴油发动机是发电机组的动力之源。本机组所使用的柴油发动机属于重工业型，采用压燃四冲程，性能安全可靠。该机组配备一些特殊的配套件，如筒形干式空气滤清器、涡轮增压器以及帮助准确控制柴油机转速的机械式或电子式调速器。

2. 冷却系统

标准配置的柴油发电机组的冷却系统一般包括散热水箱、进出机体的水管、恒温调节器等，以及一个高能推力型轴流风扇用来冷却水箱；另外，部分机组还有空气中间冷却器、燃油或润滑油中间冷却器等装置。注意气流是被推向通过散热器，冷却气流是先经过交流发电机，再经柴油机，最后才通过散热水箱的。

3. 排气系统

工业重型排气消声器随机附上待装，消声器及排气系统能降低噪声并直接把废气排至户外。排气系统及所有附件的安装对于机组的使用寿命、电力输出及其他各项性能指标等均非常重要，用户在进行机组排气消声系统的安装时，应着重注意。

4. 机组底座

考虑到很多用户的特殊要求，为方便用户安装、使用，并减少机组运行时的振动，应用国内首创的带有高效避振装置的一体化机底燃油箱，可供连续满负载功率输出 $6\sim10h$。

柴油发动机和主交流发电机经刚性连接后，作为整体器件统一安装在一个厚重的钢质底座油箱上，当机组需要移位时，建议用户只对带有高效避振装置的机组底座油箱进行操作，如撬动或吊装等。

注：禁止利用柴油发动机或发电机上面的吊环进行机组吊运移位。

5. 减振器

标准配置的柴油发电机组已安装高效减振装置，这是专为减少柴油发电机组在启动和着车后正常运行时的振动传达至基础和周围墙体而设的。

6. 主交流发电机

性能优越可靠的主交流发电机属无刷自励型，此特点可以确保输出的电力稳定可靠，维护简单。具体表现为电压、频率等重要参量的稳定性高，抗干扰性能好，免于传统碳刷和滑环的繁琐维护等。

发电机自带防护网罩及防滴水保护的外壳和全自动稳压装置（AVR），AVR 安装在发电机顶部电力接线箱的侧面。AVR 的调整应首先通知相关经销单位，或直接向厂家咨询，以避免出现不必要的问题。

7. 电气系统

机组的电气系统是负极接地直流电型，该系统包括一个启动马达和蓄电池等，对于任何型号和功率档次的柴油发电机组，每台机组均配有交流充电系统，当机组运行时，它负责给电池持续充电。

另外，对于配置了自动化装置或监控组件的机组，其启动控制屏内还单独装有一个电池浮充装置。所有柴油发电机组都同时提供一组铅酸高能电池，电池容量可允许连续进行 6 次启动操作。新电池初加入电池标准液后，应确保充电到满，从而有利于延长电池的寿命和后续维护。

8. 启动控制系统

根据需要完成功能的不同，所有的柴油发电机组均可配套各种启动控制系统屏，每一种控制系统可分别实现不同的操作及功能。如 8100 型启动控制屏用于用户的纯手动型操作，8200 型启动控制屏可完成机组的手动、自动启动的操作，8800 型可同时完成机组的手动、自动及远程监控型操作等功能，8808 型可完成两台及多台机组的手动自动并机操作及远程监控操作等。为满足各类用户的具体使用要求，建议用户在选用柴油发电机组时，应说明使用方法、使用场合及使用性质或直接注明配套启动控制系统的具体类型。所有类型的启动控制系统均可自动监测机组的运行状态并具有故障自动报警和停机等功能。基本的故障报警/停机功能有"低油压（LOW OIL PRESS）""高水温（HIGH ENGINE TEMPERATURE）""超速（OVERSPEED）""充电失败（CHARGE FAIL）"和"紧急停机（EMERGENCY STOP）"等，部分型号的控制系统还有更多的保护功能。

另外，所有类型的控制系统均可互换，以方便用户的使用和控制系统的升级。机组的启动控制系统屏一般安装在电力接线箱上部。机组的标准配置是 8100 系列启动控制系统屏。

9. 空气开关

为了保护主交流发电机不被超负荷电流及其他异常冲击损坏，在柴油发电机组电能输出端装备有一个与本型号机组相配套的电力空气开关安装在一个独立的专用开关箱内。用户在进行电力接驳时直接从此处引出即可。

附 3.2　安装

当用户选定柴油发电机组的型号后，该机组的体积、重量、功率、使用类型等均已确定，结合用户的实际使用要求、使用地点及控制系统和配电系统等具体情况，可制定柴油发电机组的安装计划和实施方案。下文将详细讨论有效及安全安装的重要因素。

1. 移动与存放

对于标准的柴油发电机组，柴油发动机和发电机同轴装配后统一安装在一个刚性的钢质底座油箱上，该底座油箱在设计制造时已经考虑机组移动与吊运时的安全性和方便性。

（1）移动。柴油发电机组在运输时，为避免机组的损坏，应首先确保运输工具的载重量不低于机组及附属件总重量的 1.2 倍。为使柴油发电机组免受风吹日晒，应对机组进行必要的安全包装，如加装木箱及内衬防雨布等。另外，机组应牢固地固定在车厢内，以免颠簸震动导致其部件松动甚至损坏。当柴油发电机组正在运输中时，禁止任何人或物在机组上面，让机组受压。

当从车辆上装卸机组时，应使用叉车或吊装设备，应小心避免机组倾倒或掉落地面，导致摔坏。可用悬吊机车小心提升柴油发电机组或者用铲车在机组底座油箱上进行小心地推或拉。如果推，则不要直接用铲叉推机架，一定要在叉与基座之间放置木头或其他表面平整的物品以防止碰伤机架和分散重量。这种操作应注意悬吊钢索的承重能力及悬吊钢索的角度应尽可能垂直，并且要小心保持机组的平衡，机组的吊装吃力位置应尽可能靠近机组的重心，而不是机组外形尺寸的中心位置，以避免机组在空中摇摆甚至失去平衡掉落地面。铲车的叉臂承载力应相当于机组重量的 120%～130%。

对于移动电站或防音型机组等专门用于特殊场合、具有特殊用途的非常规机组，移动、搬运和吊装容易得多。因为所有这类机组均具有专门设计的方便搬运和容易安装的外壳，甚至部分类型的机组还专门安装了橡胶拖动轮。此类外壳也给机组的许多零配件提供了较好的安全保护，进一步避免机组的雨淋、日晒以及运输途中的碰伤等损害，并可防止不相干的人员随意乱动。

（2）存放。为便于机组保修期限的科学计算并满足用户尽快投入使用的愿望，方便机组正常的热机保养，建议当机组到达使用工地后能立即安装调试，并安排专职人员负责机组的操作和日常维护保养等工作。如因一些特殊原因使机组需要存放一段时间，则应视需时长短做出合理可行的存放方案。柴油发电机组的长期存放会对柴油发动机和主交流发电机产生决定性的不利影响，而正确的存放工作可使不利影响减到最小。所以，正确的存放方法是十分必要的。柴油发电机组的存放应按步骤进行，包括将机组全面清洁、保持机组的干燥通风、更换适当品质的新润滑油、彻底放掉水箱内的水以及将机组作防锈处理等。

机组的存放地点应能确保不被树及其他物品砸到，以免发生损害。此外，还建议用户专门建造一个独立仓库，并杜绝易燃易爆物品放在柴油发电机组的周围，有必要预备一些消防措施，如放置 AB 级泡沫灭火器等。为防止湿气进入主交流发电机线圈，最大限度地减少湿气凝结，使发电机的绝缘性能降低，甚至影响到机组的可使用性，应注意保持发电机周围环境的干燥，或采用一些特殊的措施，如利用适当的加热除湿装置等，使线圈始终保持必要的干燥。

（3）存放机组应避免过热、过冷或雨淋日晒等。新机配蓄电池为铅酸高能电池，在机组调试使用前建议用户不要加入电解液，如已经加过，则应注意每隔 5～8 周充满电一次，以免电池损坏或降低使用寿命。电池存放时，应避免直接暴露在阳光下，或让雨淋到。经过一段时间的存放过程后，应注意在安装使用前首先检查该柴油发电机组是否有损害，全面检查机组电气部分是否被氧化，所有连接部分是否有松动，主发电机线圈是否仍旧保持干燥及机体表面是否清洁干燥等，必要时应采取适当的措施予以处理。有关机组存放问题的详细资料可参考《柴油发电机组技术设计与安装手册》或其他相关资料。

2. 机组安装位置

机组安装方案的第一步应是选定机组的安装地点。通常，安装地点的选定多数是以使用的方便性，配电连接的经济性及有利于机组的使用和保养等为依据的。安装位置的选定还应兼顾以下方面：

（1）确保机房进排风顺畅。

（2）确保机组运行时所产生的噪声和烟雾尽可能小地污染周围环境。

（3）柴油发电机组的周围应有足够的空间，以便于机组的冷却、操作和维护保养等。一般来说，至少周围 1～1.5m，上部 1.5～2m 以内不允许有任何其他物体。

（4）确保机组免受雨淋、日晒、风吹及过热、冻损等损害。

（5）机组的周围杜绝存放易燃易爆物体。

3. 基础

用于安放和固定柴油发电机组的基础底座非常重要，它必须符合以下要求：

（1）能够支承整台机组的重量和机组运行时不平衡力所产生的动态冲击负载。

（2）具有足够的刚度和稳定度，以防止发生变形而影响柴油发动机和主交流发电机及附件等的同轴度。

（3）能够吸收机组运行时所产生的振动，防止将振动传递给基础和墙壁等。

（4）基础应尽可能平整光滑。

（5）预留排放槽，以便废水污油等及时流走。

通常，混凝土安装基础是一种可靠简便的安装方式，建议用户优先采用。当浇注混凝土底座时，应确保混凝土的顶面相当平整，没有任何损伤。建议用户结合使用水平仪或类似仪器进行机组及排气系统的安装。

附：混凝土底座厚度的计算方法

$$D = 1.2W / (QBL)$$

式中　　D——混凝土底座厚度，m；

　　　　W——机组总重量，kg；

　　　　Q——混凝土比重，kg/m³，一般可用 2402.8kg/m³；

　　　　B——底座宽度，m；

　　　　L——底座长度，m。

一般来说，柴油发电机组的混凝土平台高度只需在 150～200mm 之间就可以了。另外，用于制作混凝土平台的底土同样必须有足够的承载强度来承受它上面的整个装置和混凝土基础的总重量。

机组自带的高效减振装置用以降低机械噪声和吸收振动。所有柴油机组的减振装置在安装时已经考虑到其承载能力和机组总重量的关系，可确保满足要求。另外，均匀分布的减振装置可使载荷均匀分布。

4. 燃油箱

燃油箱用不锈钢或钢板制作，切勿在燃油箱内部喷漆或镀锌，以防止它们与柴油发生化学反应，产生可能引起机组损坏的杂质，降低柴油的品质、洁净度和燃烧效率。燃油箱的设计与安装应确保遵守当地环保、消防部门的规定。铜板或镀锌、镀铅钢板等不适合作为日用燃油箱的制作材料。另外，燃油箱通常可由一个远置安装在机房外的大型储油罐提供燃油。

附 3.3　安全与防护

为防止在安装、使用及维护的过程中出现问题，用户首先应该对下面的部分有所了解，以尽可能减少甚至杜绝意外事故的发生。

1. 安装准备

（1）柴油发电机组的安装应遵循科学合理的原则，确保良好的进出风条件和防尘、防鼠、防火、防爆等措施。

（2）安装排气管时应保证增压器总成不承受外来压力或侧应力，不允许有任何杂质经由排气系统进入柴油机燃烧室。

（3）确保油管的接驳处无燃油泄漏现象和进气现象。

（4）室外部分的排气管口应加装防雨水措施。

（5）排气管内径尺寸的大小应能确保机组的排气背压不大于技术规范中所规定的允许值。

（6）机组良好接地，接地规格应符合国家相关电气装置标准。不建议机组与其他电气设备共地。

（7）所有外连接部分应加装软性连接，以防止因频繁振动而松脱或拉断，甚至引发危险。

（8）水箱中加入适当比例的防冻/防锈剂和纯净水的均匀混合液到合适液位。

（9）电池水一般应选用比重为 1.28 的标准电解液连接电池电缆或进行负载接驳时应确保机组不能启动。

（10）不允许在电池或燃油附近抽烟、打火花，或其他可能引发火灾的行为。因为燃油挥发的气体及电池内产生的氢气可能会引起爆炸。

（11）电池不应安装在地面以下，以防止电池意外爆炸，并确保电池正负极连接正确。

（12）不正确的安装工作和其他机组运行前的准备工作可能引发事故或机组损坏。

（13）当往电池中加入电池水时，应穿防酸围裙，戴护目镜和防酸手套，如果具有强烈腐蚀性的电池水溅在皮肤上，请马上用大量清水冲洗。

2. 启动前准备

（1）清洁机组表面，做到无灰尘无油渍。

（2）重新清扫并检查机房，确保无易燃易爆物品在机组周围。

（3）检查机油油尺，以确定液面在两刻度之间，并尽可能靠近上限而不要超出。

（4）检查水箱液面，以刚好在填口盖下 5cm 内为宜。

（5）确保机组用的柴油、机油品质不低于资料中的要求。

（6）确认进出机体的柴油油管连接无泄漏，无空气进入。

（7）旋松高压油泵上的放气螺丝，用手油泵泵油到放气螺丝处喷油，再拧上放气螺丝。

（8）全面检查并确保电气、控制部分连接正确、可靠，无老化现象。

（9）确保机房进出风顺畅，无阻碍。

（10）检查电池电量是否足够，达不到启动要求时，应重新充电到满。

（11）正确连接电力输出电缆，确保无漏电、无短路、无错相。

（12）检查紧固件和油门调节系统的可靠性，确认各操纵机构灵活、轻便、可靠。

（13）检查水泵皮带、充电机皮带及风扇皮带的预紧情况。

（14）检查控制屏上开关是否操作灵活、工作可靠。

（15）详细阅读并理解柴油发电机组启动控制系统的所有资料，并严格按照说明书中的要求和步骤开机或停机，避免不正确操作。

（16）机组运行时或尚未全部冷却时，不要试图打开水箱填口盖，并探测水温，以免热液喷溅，引起烫伤。

（17）不要试图手试机组排气管、增压器等高温处的温度，以免烫伤。

（18）确认用电设备允许用机组供电时才可在配电人员的监督下合上空气开关或进行 ATS 端的配电操作。

（19）随时监测机组的运行状况，记录机组的运行参数，并检查各仪表如运行时间表、水温表、油压表、电池电压表、频率表、电压表等指示是否正常。

（20）不要把手伸到风扇防护罩以下和其他有相对运动的任何部位。

（21）当操作本机时，建议戴上护耳的设备。

（22）检查是否发生燃油、润滑油及冷却液等泄漏现象。

（23）不建议机组冷机带大量负载。

（24）发生紧急情况，需马上停机时，应立即按下控制盘上的红色紧急停车键。

（25）保持机组的负载不要超出额定值。

（26）为防止机组发生润滑油泄漏现象，机组不允许有超过半小时以上的连续空载或低于30％负载运转。

（27）严禁在机组运转时拆卸机组任何零部件。

3. 停机保养

（1）小心避免热机时冷却液、润滑油及排气系统等引起人员烫伤，不要在机组完全冷却前打开水箱填口盖。

（2）如无特殊情况，机组应空载运行5min左右再停下来。

（3）进一步检查机组是否有三漏现象，并做针对性处理。

（4）待机组完全冷却下来后检查三液液面，看是否足够，必要时添加。

（5）检查空气滤清器是否被堵塞，如清洁指示器全部为红色指示，应更换滤芯。

（6）如长期停机要放尽燃油和冷却水，按保养规范将蓄电池定期充电。

（7）防止因环境温度过低将机组冻坏。

（8）如对机组内部进行清洁或维护保养，请首先将电池的负极接线拆下，以消除机组启动的可能性，杜绝事故和人员伤害。

（9）保持机房的良好通风条件，保持机房环境清洁、干燥。

（10）必须由有经验和取得相关技术操作资格的工程人员对柴油发电机组进行常规的维护保养，或可与就近的代理经销机构或专门维修机构取得联系。

（11）如需对机组的一些重要参数进行调整，如输出电压、机组转速等，必须与厂方联系，以获得正确的调整方法并获得认可，或应由经过厂家正规培训且取得技术操作资格的技术工程师进行。

（12）断开 MCCB 输电开关。

（13）定时热机保养，一般每2周开机运行10～30min，并带适量负载。

（14）制订合理可行的机组定期保养计划，确定值班制度并严格执行。